科研費.com ——著

できる研究者の 科研費・学振 申請書

採択される技術とコツ

講談社

CONTENTS

第1章 はじめに 1

第2章 書く前に 3
  2.1 なぜ書くのか 4
  2.2 書く際の心得 6
  2.3 うまいと得する申請書 8
  2.4 何を研究するか 9
       ポイント！ 研究対象の深い理解に近道はない 12

第3章 何を書くのか 13
  3.1 何を書くのか 14
       ポイント！ 何を書くべきかをキチンと理解しよう 16
       Column　喩え話の錯覚 16
  3.2 研究課題 17
  3.3 背景 20
    3.3.1 研究テーマを含む一般的な背景 20
       ポイント！ 背景を書くときは砂時計をイメージする 21
       ポイント！ 読み手を置いてけぼりにしない 21
    3.3.2 研究テーマに特化した背景 22
       テクニック！ 文献の引用方法 23
       ポイント！ 「だから何？」に対する回答を用意する 24
  3.4 なぜ今その研究なのか 25
    3.4A.1 何が問題なのか 25
       テクニック！ 解決できそうなものだけを問題点として提示する 25
    3.4A.2 なぜその問題は未解決のまま放置されていたのか 26
       ポイント！ 「なぜ未解決だったのか」の理由付けは、よく考えて！ 26
    3.4A.3 その未解決問題でどのような弊害が起きているのか 27
       テクニック！ 「研究課題の核心をなす学術的『問い』」の書き方 28
    3.4B.1 どういう視点が欠けていたのか、何が可能になったのか 29
    3.4B.2 新たな価値の提案 30
       ポイント！ 実現可能性はFeasibilityではなくPossibilityを前面に出す 30
    3.4B.3 なぜ今その研究なのか 31
  3.5 解決のアイデア・研究目的・研究計画 32
    3.5.1 研究のアイデア 32
       ポイント！ 研究のアイデアこそオリジナリティの源泉である 33

	テクニック！ 新しいアイデアの生み出し方	33
3.5.2	その方法がうまくいくと考える根拠	34
	テクニック！ 研究の特色・独創的な点の書き方・考え方	36
	テクニック！ 未発表データは有効に使おう	38
3.5.3	具体的に何を明らかにするのか	38
3.5.4	何をどのように行うのか	41
3.5.5	どうなれば解決できたと言えるのか	42
	テクニック！ 強調するところを間違えない	43
	テクニック！ うまくいかない場合も想定する	44
	Column 仮説の生成と仮説の証明	44
	Column 事前仮説を持つ	45
3.5.6	研究を実行できると考える根拠	45
3.6	何がわかるのか	47
3.6.1	どういう立場から何をどうするのか	47
3.6.2	他の分野にどのような影響を与えるのか	48
	ポイント！ 「他の研究にも利用可能である」の幅は広い	50

第4章　どう書くのか　51

4.1	どう書けば読み手に伝わるのか	52
4.2	読みやすく　―正しい日本語で審査員のストレスをなくす―	53
4.2.1	英語・カタカナ語・漢語・略語・造語を乱用しない	53
4.2.2	1文が長すぎない、短すぎない	54
4.2.3	括弧による強調や補足を多用しない	55
4.2.4	修飾の順序、句読点の打ち方	56
4.2.5	省略可能な言葉・文字がないか気をつける	57
4.2.6	書き言葉と話し言葉の違いを意識する。稚拙な表現を控える	58
	テクニック！ ら抜き言葉の見分け方	59
4.2.7	適切な漢字・ひらがなを使用する	59
	ポイント！ ひらがなの連続はやっかい。漢字の連続もやっかい	61
	Column 公用文書独特の表現	61
4.2.8	比較・並列は表現を対応させる	61
4.2.9	日本語を正しく使う	62
4.2.10	無駄にへりくだらないこと、大げさでないこと	62
4.3	わかりやすく　―論理的かつ説得力を持って説明する―	64
4.3.1	シンプルに伝える	64
4.3.2	専門用語はわかりやすく	65
	ポイント！ デルブリュックの教え	66
4.3.3	抽象的でないこと(具体的であること)	67
	テクニック！ 具体的には、……	67

4.3.4	なぜこの研究を行うのか	68
4.3.5	言い切る、言い方を考える	69
4.3.6	否定表現は肯定表現に変える	71
4.3.7	強調はほどほどに、意味を持たせる	72
4.3.8	内容の連続性を意識する	73
4.3.9	接続詞を適切に使う	74
4.3.10	審査員を意識し、読み手に優しい文章を心がける	75

4.4 美しく —細部にまでこだわり、無意識に働きかける— ... 76
    4.4.1 揃える ... 76
    4.4.2 余白 ... 81
    4.4.3 文字位置の微調整 ... 82
    4.4.4 フォント ... 84
    4.4.5 大見出し、小見出し ... 85
    4.4.6 図表の体裁 ... 86
    4.4.7 イラストの描き方 ... 87

4.5 推敲や見直しでより良い申請書にする ... 90
    ポイント! 漢字・かな比 ... 92
    Column おすすめ書籍 ... 92

第5章 申請書のヒント ... 93

5.1 オズボーンのチェックリスト ... 94
5.2 学振および科研費申請書などを公開しているサイト　検索の仕方 ... 96
    ポイント! 自分が納得できるところを参考にしよう ... 97
5.3 データベースの利用 ... 98
5.4 そこそこテンプレート ... 101
    テクニック! 「これまでの研究の背景・問題点・解決方策」の別例 ... 105
    テクニック! 研究の特色・独創的な点に何を書くか ... 109
    テクニック! 前向きに書く ... 113
5.5 粒度の粗いそこそこテンプレート ... 130
5.6 科研費.comのチェックリスト ... 134

第6章 おわりに ... 135

    独り言 ... 136

本書に記載されている会社名、製品名、サービス名などは、一般に各社の商標または登録商標です。　本文中で®マーク、©マーク、™マークは省略しております。
URLなどは、2019年6月1日現在のものです。

第 1 章　はじめに

　本書は 2016 年 4 月から公開している科研費.com（https://科研費.com/）を元に加筆・修正したものです。かつては余裕が有り、じっくりと研究に取り組める時代だったのでしょうが、現在は定員削減・競争的資金・ステージゲート・任期・校務……と限られた時間の中で実験をしつつ、研究費を獲得し、職を探し、さらにその他の仕事もこなさないといけません。研究だけやっていれば良い時代は過ぎ去ってしまいました。こうした中でうまくやっていくには、実験技術だけでなく申請書の作成技術についても向上させる必要があります。

　しかし、いざ申請書を書くとなっても経験の少ない方にとっては難しく感じるようです。これは、ある意味当然のことで、小中学生での国語の授業や夏休みの読書感想文を思い出してください。登場人物の心情や作者の意図を読み解いたり、読んだ感想を述べたりといった経験はあっても、具体的な作文技術について学び、添削してもらった経験がある方は少ないのではないでしょうか。誰にもちゃんと教えてもらわず、また自分でも学んでこなかったのであれば、上手に書けなくて当然です。しかし幸いなことに、私たちが書くべき科学的な文章は、文学とは異なり「独自の感性」や「絶妙な表現」などは不要です。ただ、わかりやすく・読みやすく書けば良いだけですので、本当にちょっとした技術や考え方を学ぶだけで事足ります。繰り返しますが、これまで学ぶ機会がなかっただけなのです。

　しかし、本書の究極の目的はノウハウを伝えることではありません。書き方の技術を共有することで、申請書作成の基礎知識を平準化し、書き方の巧拙ではなく申請内容によって研究計画が正しく評価されるようにすることを目指しています。さらに、論理的でわかりやすい文章を書けるようになることで、あなた自身の研究計画が一層洗練され、ひいては科学全体の底上げにつながると考えています。

　本書は、私がこれまでに添削してきた実際の申請書をもとに、多数の文例やロジック、よくある間違いなどを豊富に掲載することで、効率良く申請書作成のコツを学べるようにすることを心がけています。その一方で、紙面が限られているために、制度の概要や一般論は極力削ぎ落としていますので、それらについては類書を参考になさってください。加えて、チェックリストやテンプレートなど、時間がない中でも一定水準以上のものを書き上げられるようにするための支援ツールも掲載しました。本書は学振や科研費を念頭に置いたものですが、つまるところ、いかにわかりやすく他人に自分の考えを伝えるか、というコツについてですから、他の申請書や公募書類、論文など科学的な文章が求められるあらゆる場面において役立つものと考えています。ただし、残念ながら私は理系のそれも限られた分野の専門ですので、極力配慮したつもりではありますが、どうしても問題解決型（本文参照）に寄っているのでその点は注意してください。

　より良い申請書のための一提案として、少しでも読者の役に立つようであれば幸いです。

2018 年 12 月 24 日　科研費.com　管理人
https://科研費.com

第2章

書く前に

　本書では申請書の書き方の具体的なコツを紹介することで、学振や科研費などに採択されることを目指します。しかし、いきなり書き始めるのはちょっと待ってください。
「敵を知り己を知れば百戦危うからず」
　まずは、以下の「そもそもなぜ書かないといけないのか」や「学振や科研費の審査員はどこを見ているのか」などのポイントを理解してください。理解しているとしていないとでは書き方に大きな差がつきこうした差は採択率に直結します。

2.1　なぜ書くのか 4
2.2　書く際の心得 6
2.3　うまいと得する申請書 8
2.4　何を研究するか 9

2.1　なぜ書くのか

　申請書は一朝一夕で書けるものではありませんので、最後まで書き上げるためには、研究費を獲得したい、あるいは学振に採用されたい、といったような強い意思が必要です。
　私たちは獲得した研究費を用いて新しい研究を行い、その成果を論文や著書としてまとめます。そして、それらの成果をもとに新たな研究費を獲得する、というように研究活動は輪になっています。

　つまり、私たちが研究を続けていくためには、必ず申請書を書かなくてはならないのです。「論文は研究者にとっての通貨だ」とか「Publish or Perish」などの言葉はこのことをよく表しています。また、研究者としてステップアップする際にも申請書は重要です。大学院生は学振、ポスドクは学振や海外学振など、さらに研究者を目指すなら教員公募や助成金、教員になっても研究費などと、研究人生の節目で申請書を書くことが求められます。特に最近では、任期の問題により昇進し続けないと給与はもちろん自由な研究環境すら失われてしまいます。

研究におけるメリット

　分野によっては研究費がほとんどいらない分野もあるでしょうし、研究者がお金の話をすることに抵抗を感じる方もいるでしょう。しかし、研究に先立つものはやはりお金です。お金は人件費や消耗品、サービスの外注や場所などさまざまな形に変わって、自分がやりたい研究を進めることを手助けしてくれます。研究を通じて、誰も知らないことを知り、人類に新たな価値を提供することができれば、科学者冥利に尽きるというものです。
　また、ポスドクなどに関しては、自分の研究費や給与を持つことで一緒に働きたい人や場所、やりたいことをある程度自由に選べる点は、大きなメリットだと言えます。研究を進めるために研究時間を削って申請書を書くというと、なんとも矛盾した話に聞こえます

が、研究室を構えるようになると、どのみち研究そのものの割合は減り、お金をとってくる仕事の割合が増えてきます。早いうちから訓練しておくことで、それほど時間をかけずともそこそこレベルの申請書を書けるようになります。私の知っている、いわゆる偉い先生はみんな申請書を書くのが上手です。

個人における金銭的メリット

たとえば、アメリカでは（良くも悪くも）給料の3ヵ月分や6ヵ月分を研究費から支払うため、みんな必死です。日本では研究費の獲得が研究者個人の金銭的な損得につながることはほとんどありませんが、それでも少しでもメリットがあると嬉しいのが人情です。金銭に関わるメリットをあえて挙げるとすれば以下の通りです。

- 科研費など　　機関によっては獲得研究費に応じた報奨金制度があります
- 学　振　　　　給与＋学費免除＋税の優遇＋研究者としての登竜門です
- さきがけ　　　専任の場合はポスドク相当の給与、兼任の場合は10万円の給与
- 民間財団　　　自分の口座を経由する場合には、寄付金控除の対象となるケースも

給与が発生する学振やさきがけはともかく、金銭的モチベーションのみで申請書を書き続けることは難しいでしょう。残念ながら、給与は個人の能力ではなく、どの職種・業界で働くかで決まります。研究者という生き方を志望する以上、現時点での高給はあまり期待できません。ただし、安定したアカデミア職を得るうえで、研究費の獲得履歴は重要な要素の1つですので、申請書を書く技術を身につけておいて損はありません。

個人における学術的メリット

まとまった文章を書くことで、自身の思考が整理される点は大きなメリットです。論理的に文章を書く作業を通じて、これまで漠然としたまま進めていたことに論理的な矛盾を見つけたり、足りない部分が見つかったりすることはしばしばあります。また、筋道立てて書いた文章はその後の論文などの良い参考資料となりますし、他の申請書を書く際にも利用できます。自分が書いた申請書だけでなく、可能であれば他の人の申請書もリスト化して保存しておくと、いろいろな場面で役立つことでしょう。

また、研究費の種類によっては獲得することで多くの他の研究者と知り合う機会が増え、新たな人脈や着想を得られるといったメリットも享受することができます。

2.2 書く際の心得

　他人に読んでもらう申請書は、読みやすく・わかりやすく・美しい物である必要があります。審査員の多くはボランティアですので、問題のある申請書はまともに読んでさえくれないかもしれません。読み手に優しい申請書を書くことが求められています。

申請書の心得1「読みやすく」

　内容の良し悪し以前に、日本語の文章として成立していることは申請書の最低条件です。

（1）日本語の作文技術を学ぶ

　私たちは学校でほとんど作文技術を習わないまま、ここまで来てしまっています。しかし、修飾語の位置や、句読点、漢字とかなの割合、文章のリズム、言葉の選び方など、読みやすい文章が兼ね備えるべき条件は意外と多いのです。逆に言えば、こうした「作文技術」を学ぶだけで読みやすい日本語の文章を書くことが可能であるということです。

（2）論理的に書く

　論理が破綻した文章は決定的に読みにくく、審査員は書き手の意図を推測しながら読まねばなりません。内容を理解するだけで時間を消費するため、忙しい場合はまともに読んですらもらえないかもしれません。その逆に、論理的に矛盾がなく読みやすければ事実かどうかは意外と気にされず、内容評価へと関心が移りますし、無意識の力によって評価されやすくなります。論理的に書くことは自分の主張を受け入れてもらうための第一歩です。

申請書の心得2「わかりやすく」

　どれほど読みやすくても、求められる内容とかけ離れたものであれば評価されません。

（3）評価基準を理解し、求められていることを書く

　学振にしても科研費にしても評価基準を公表しています。さらに、申請書の各項目の上部にも書くべき内容はかなり具体的に指示されています。公平な評価を実現するために、審査員はこれらの評価基準にしたがって申請書を評価します。すなわち、求められていることに対して過不足なく答えることが、内容を正しく評価してもらうための最低条件です。

（4）見出しや箇条書きなどで、ポイントをわかりやすく

個々の申請書の評価にそれほど時間をかけられないので、審査員は評価項目を効率良く見つけたいと考えています。見出しや箇条書き、「目的を～とする」のようにわかりやすい文章構造を用いることで、審査員が評価しやすくすることが重要です。わかりにくい申請書の場合、最悪、評価項目が発見されずに審査が終了してしまいます。

（5）専門家以外にも重要性などがわかるように書く

適切な区分を選択したとしても、あなたの研究領域の専門家に申請書類が回ることはまずありません。区分内でもまだ研究分野としては広いため、審査員はほぼ全員が専門家ではないと考えておいて間違いないでしょう。そのため、申請書を理解するための前提において何が常識で何が常識でないのかは吟味する必要があります。独善的な申請書にならないように、必要となる前提知識については最低限の説明は必須です。場合によっては前提条件を減らすために、多少の不正確さには目をつむってでも単純化して示すことも重要です。

> 申請書の心得3「美しく」

美しさは読みやすさであり、自分のできる最善を提供するという心の表れです。

（6）フォントや図表を美しく・見やすく

申請書の本文などの長い日本語の文章を読むには、明朝体のような線の細いフォントが適当です。一方で太めのゴシック体は見出しや強調部分に用いると効果的に目をひくことができます。また、フォントの種類によって読みやすさは大きく異なりますので、美しいフォント選びが欠かせません。図表についても、借りてきたものやパワーポイント・エクセルで適当に作ったものでは統一感に欠けますし、美しくありません。こうした細かい点にまでこだわることで、申請書の美しさ（ひいては読みやすさ）はグッと向上します。

（7）余白をうまく使う

学振や科研費の申請書のスペースは書きたい分量よりも少ない場合がほとんどです。そのため、どうしても余白を減らしてギチギチに書いてしまう傾向にあります。しかし、適切な余白は可読性を高め、審査員に内容を適切に評価してもらう効果が期待できます。こだわるべき余白は、行間・文字間（字間）・段落間・図表からの距離など多岐にわたります。

2.3 うまいと得する申請書

　このグラフは、日本の研究.com（https://research-er.jp/）[*1] で公開されている情報をもとに運営会社である(株)バイオインパクトさまにデータを提供していただき作成しました。

　これは、日本のトップダウン型の研究予算である「さきがけ」に採択された研究者の、その後の毎年の研究費を推定したものです。このグラフを見て気づくのは半分以上の研究者は採択後数年がピークだったということです。たしかに中央値で見ると「さきがけ」の研究費が切れるあたりから研究費総額が激減しています。しかし、その後は年700～800万円で推移しており、基盤Bでも3～5年で500～2,000万円（平均で約500万円／年）であることを考えると、コンスタントに基盤B以上を獲得し続けていることになります。当然、これは平均以上です。

　15年も経つと平均的には40歳を過ぎているので、自分自身の研究が凄いというよりはアイデアをまとめ申請書を書くのがうまく、研究費と業績の好循環が続いていると見るのが自然です。さきがけに通るだけの申請書スキル（と業績）を持っていた研究者は、その後15年以上にわたって一線級で活躍できるということです。繰り返しますが、書き方は学んで身につけられます。それによって、長期間にわたっていろいろと有利になるのです。

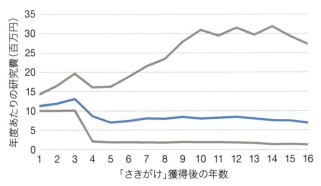

青線が中央値。上下の線はそれぞれ上位25%、下位25%。横軸は採択後の年数。

　日本の研究.comには、公的な研究費のかなりの部分がカバーされており、研究者名と採択時期・研究課題名・研究費の概算がまとめられています。e-Radのデータが公開されていない[*2] 中ではKAKEN（https://kaken.nii.ac.jp/）と並んで利用価値の高いデータベースとなっています。使い方は(5.3)データベースの利用を見てください。

2.4 何を研究するか

良い申請書の条件の1つは面白いテーマを扱っていることです。そのため、書き始める前に、私たちは何を研究テーマとするかについてよく考える必要があります。研究は時間・労力・資金を消費しますので、あさっての方向に全力で走ってしまうと後で面倒です。テーマ選びの重要性は、料理に例えるとわかりやすいでしょう。

ここでは料理人（研究者）であるあなたが、食材（研究テーマ）を調理（研究）して、料理（研究成果）を生み出します。高級なツバメの巣からはおいしいスープができますが、ありふれたツバメの巣からは泥のスープしかできません。頑張って高級な器に盛り付けたところで本質的価値は変わりません。もちろん、料理人が未熟だと高級食材を台無しにして泥のスープにしてしまうことはあるでしょう。しかし、最も重要な点は、どんなに優れた料理人でもつまらない食材から素晴らしい料理を生み出すことはできないということです[*3]。すなわち、私たちはまず、良い食材、すなわち面白い研究テーマを見つけなくてはいけません。では、面白い研究テーマとは何でしょう？

自分でやっていて楽しい研究テーマは、面白い研究テーマだ！

たとえば、「庭にある石はどこで産出したものか？」という未解決問題を検証したいと考えたとします。この研究に対してお金を出してくれる人は少ないでしょう。なぜなら、そのことが明らかになったところで、誰も得をしないからです。自己満足の研究は本人がどんなに興味を持っていようとも、一般的な意味で面白い研究テーマとは言えません。研究分野内で問題になっている、新たな研究の潮流を生み出すなどのインパクトが必要です。または、考えてもみなかったけど言われてみれば、「へー」となるような目からうろこ系のテーマが成立するのが基礎研究の醍醐味ですが、下手をすると自己満足になりかねず、その見極めは経験がモノを言います[*4]。

「宇宙の果て」や「人類の幸福」などの壮大なテーマこそ、面白い研究テーマだ！

　これらの問題に対して、現時点であなたが解決を見込めるヒントや他にはない手法を持っていないなら、残念ながら選択可能なテーマにはなり得ません。なぜなら、どんなに凄い研究テーマだったとしても、解決できないのであればそれは絵に描いた餅だからです。自分あるいは研究チームの力の及ぶ範囲を正確に見極めないといけません。また、何をもってして問題を解決できたとするのかが明確に定義できなければ、極めて抽象的な話となり、誰も理解できません。

　面白い研究テーマとは解く価値のある問題を扱うものです。解く価値のある問題は以下の4つの要素に分けることができます。

（1）問題そのものの重要性

　長年の未解決問題はすでに問題の重要性が担保されていますので、解く価値があることは理解しやすいでしょう。2つ以上の異なる説がある中で、どちらが正しいのか明らかにする場合や、これまで多くの人が挑戦したが成し得なかった問題を解決する場合などです。その他に、その問題を解決することによって、これまでの物の見方を大きく修正する必要があるもの、これからの研究の方向性を決定づけるものなどが挙げられます。

1. 重要性
2. 解決レベル
3. 多様性
4. スピード

（2）問題をどの程度解けるか

　理解した、と言うためには一定水準以上で問題を解決する必要があります。しかし、重要な未解決問題は簡単には解けません。最先端の手法・あなた独自のアイデア・研究上の工夫などを通じて、他の人にはできないが、自分ならギリギリできるところを狙う必要があります。ここは申請書における先進性・独自性・独創性の部分に該当します。

（3）どれだけ多様性を持つか

　研究者は同質を嫌い、多様性を確保しようとします。そうした動きは女性限定・外国人限定・年齢制限・融合研究などの形で表れます。また、独自の技術・アイデア・アプローチといったものも、多様性の確保につながるでしょう。流行りの分野・既存の手法・使い古されたアイデアで漫然と研究していると、一握りの勝者と大多数の敗者が生まれるだけ

です。ある程度は意識して、自分の強みを活かす研究をする必要があります。まさに「人の行く　裏に道あり　花の山」です。

(4) 問題をどの程度すばやく解けるか

実は先の句には続きがあります。「人の行く　裏に道あり　花の山　いずれを行くも　散らぬ間に行け」。大抵の研究費には研究期間が設定されていますし、年齢・卒業・任期などの制約もあります。1つの研究テーマに一生を捧げるのは素晴らしいことだと思いますが、個々の研究において時間は重要な要素です。素晴らしい問題を完璧に解けるとしても、長い時間を要するのであれば、現実的にはその前に打ち切られる可能性があります。ある程度の期間で終えられる見込みがある研究テーマを選ぶことは生存戦略として重要です。

すなわち、

良い申請書 → 面白い研究テーマ ＝ 重要性×解決レベル×多様性×解決スピード

となります。

ただし、それぞれの閾値をどこに設定するかは、能力・資金・環境などの要因によりますので、全員が最先端狙いである必要性はないと思います。

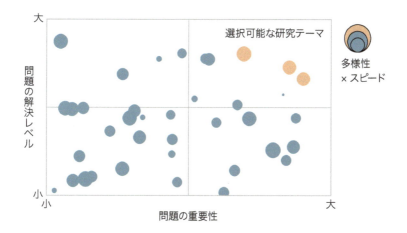

選択可能な研究テーマ（個々の●）は数多くありますが、実際に選択すべき研究テーマはそれほど多くなく、上図では右上の比較的大きいオレンジの●のみです。

テーマ選択の理想と現実

ここまでの話は理想論です。現実的には、「まずは手堅くこの仕事をまとめたい」とか、「過去の仕事を片付ける必要がある」、「与えられたテーマをやらないといけない」などの

制約があります。そうなると、必ずしも問題の重要性や解決レベルが高くならない（と思われる）研究を行わざるを得ない場合があります。

しかし、そのことを嘆いても始まりません。制約条件の中でどうすれば価値を最大化できるのかを考えるほうがよっぽど生産的です。そのためには、既存プロジェクトに対するあなたの価値観を変える必要があるでしょう。

コカ・コーラ社は1981年の時点でソフトドリンク市場において45％以上のシェアを持っていたため、成長余地は乏しいと保守的な成長戦略を打ち出していました。しかし、当時のCEOロベルト・ゴイズエタは「人が1日に摂る水分量と、世界人口から考えると、当社のシェアはまだ2％にすぎず98％の市場が未開拓である」と述べ、その後、コカ・コーラ社は水やコーヒーなどの分野にも進出し、売上は35倍に成長しました。

こうした例からもわかるように、物の見方や考え方・言い方を変えるだけで大きな変化を生み出すことが可能です。つまらない仕事だから、落ち穂拾いの仕事だからと早々に諦めるのではなく、この後、どう展開させれば面白くなるだろうか、どこかに隠れた価値は眠っていないだろうか、と考え続ける姿勢が重要です。どうせ時間を使うのですから、ちょっとでも面白くするようにしないと、本当に無駄な時間になってしまいます。

ある枠組み（フレーム）で捉えられている物事の枠組みを取り外して、別の枠組みで見ることを「リフレーミング」と呼びますが、(5.1)オズボーンのチェックリストや(4.3.6)否定表現は肯定表現に変えるも、リフレーミングのきっかけになるかもしれません。

> **ポイント！** 研究対象の深い理解に近道はない
>
> 現時点で面白くなるとは思えない研究テーマについては、対象を深く理解することが何よりも重要です。大抵の場合、何かを極めた先には、面白いことが待っています。
> しかし、一朝一夕では深い理解には至らず、
> (1) 対象に関する資料を片っ端から集めて、読んでみる → 食料を集める
> (2) 一通りの内容を理解し、深く考えてみる　　　　　　→ 食べる
> (3) いったん考えることをやめ、別のことをする　　　　→ 消化・吸収されるのを待つ
> (4) 折に触れて思い出して考える　　　　　　　　　　　→ 血となり肉となる
> というステップを経ないと、真の理解につながりません。ここまでやって、初めて点と点がつながり線になります。焦って短期間でいろいろ考えても消化不良を起こすだけです。

第3章

何を書くのか

　申請書を作成する段階（すなわち、本書を読んでる今ですね）では、新しいデータはほとんど追加されませんし、業績が急激に増えることもありません。つまり、私たちにできることは、何をどう伝えるのか、これから何をするのか、に尽きます。そして、それらを正しく効率的に伝えるためには、どんなことを書けば良いのかを理解する必要があります。

　この章では申請書の基本的なスタイルを具体的に追いながら、個々の要素において何を書けば良いのかを見ていきます。求められることを書いておけば大外れすることはありません。

3.1 何を書くのか 14
3.2 研究課題 17
3.3 背景 20
3.4 なぜ今その研究なのか 25
3.5 解決のアイデア・研究目的・研究計画 32
3.6 何がわかるのか 47

3.1　何を書くのか

　これまで数多く添削を行ってきましたが、かなりの場合、聞かれていることに正しく答えられていない、すなわち「何を書くのか」がわかっていないという問題が見受けられます。ここでは説得のための標準的な手順に沿って、申請書に書くべきことを見ていきます。

　研究には大きく問題解決型と価値創造型の2つのタイプがあります。問題解決型では具体的な問題があるために研究の重要性を示しやすいのに対して、価値創造型は新たに価値を創造するために研究の重要性の説明は難しい傾向にあります。そのため、問題の重要度から研究の重要性を指摘するという常套手段がうまくいかない場合がそこそこあります。そこで（3.4）なぜ今その研究なのかについてはタイプ別に2パターン（3.4A：問題解決型、3.4B：価値創造型）用意しました。

　基本的にはこの順に書いていけば良いのですが、科研費や学振の場合は順番が前後したり何箇所かに分かれたりしています。それが書きにくさを生んでいる理由の1つです。

書くべき内容	科研費での項目	学　振
（3.3.1）研究テーマを含む一般的な背景	学術的背景	これまで（これから）の研究の背景
（3.3.2）研究テーマに特化した背景	学術的背景	これまで（これから）の研究の背景
（3.4A.1）何が問題なのか （3.4A.2）なぜその問題は未解決のまま放置されていたのか （3.4A.3）その未解決問題でどのような弊害が起きているのか	学術的「問い」 国内外の研究動向 学術的「問い」	問題点 着想に至った経緯／問題点 問題点
（3.4B.1）どういう視点が欠けていたのか、何が可能になったのか （3.4B.2）新たな価値の提案 （3.4B.3）なぜ今その研究なのか	学術的「問い」 学術的「問い」 国内外の研究動向	着想に至った経緯／解決すべき点 着想に至った経緯／解決すべき点 着想に至った経緯／解決すべき点
（3.5.1）研究のアイデア （3.5.2）その方法がうまくいくと考える根拠 （3.5.3）具体的に何を明らかにするのか （3.5.4）何をどのように行うのか （3.5.5）どうなれば解決できたと言えるのか （3.5.6）研究を実行できると考える根拠	独自性・着想に至った経緯 独自性・準備状況 目的 何を・どのように どこまで 準備状況・研究能力（環境）	解決方策／研究方法／特色と独創的な点 解決方策／研究方法／特色と独創的な点 目的 研究経過／何を・どのように得られた結果／どこまで 年次計画・準備状況
（3.6.1）どういう立場から何をどうするのか （3.6.2）他の分野にどのような影響を与えるのか	位置づけ 創造性	位置づけ・意義 予想されるインパクト

3.1 何を書くのか

以下の関西人の会話を読めば、こうした流れが自然であることがわかるかも？

読み手（審査員）の質問	書き手（申請者）の答え
何の研究してんの？	［(3.2) 研究課題］やで。
それは何やの？	［(3.3.1) 研究テーマを含む一般的な背景］ってことがあってな、［(3.3.2) 研究テーマに特化した背景］っていう状況やねん。
へぇ、そうなん。	でも、［(3.4A.2) なぜその問題は未解決のまま放置されていたのか］のせいで［(3.4A.1) 何が問題なのか］っちゅう問題があんねん。しかも、この問題が解決されてへんせいで、［(3.4A.3) その未解決問題でどのような弊害が起きているのか］でみな困ってんねん。 or でも、これってどうなんやろ。［(3.4B.1) どういう視点が欠けていたのか、何が可能になったのか］やし、こう［(3.4B.2) 新たな価値の提案］とかのほうがもっとええ感じになるんとちゃう？　今は［(3.4B.3) なぜ今その研究なのか］やしな。
それは大変やな。 or そりゃできたらええけど。	せやろ？　わいな、［(3.5.1) 研究のアイデア］っちゅうことしたら、これできると思ってるねん。
ほんまか？	ほんまやで。その証拠に、ほれ、［(3.5.2) その方法がうまくいくと考える根拠］があるし。これはいけるでぇ。
で、何をどうするんや。	まずな、手始めに［(3.5.3) 具体的に何を明らかにするのか］をしようと思ってるねんや。
具体的にはどうやるねん。	［(3.5.4) 何をどのように行うのか］するつもりや。
けど、研究なんて終わりがないやん？　何ができたら、この研究は成功したと定義するん？	せや。だから今回の研究では［(3.5.5) どうなれば解決できたと言えるのか］で、ひとまず勘弁しといたろって思うとるわ。
けど、それでも大変やろ？　ほんまにできるんか？	自信あるで。［(3.5.6) 研究を実行できると考える根拠］やしな、仲間も環境も揃ってるわ。
この研究は、あんたらの分野でどういう評価になると思う？	［(3.6.1) どういう立場から何をどうするのか］やし、凄いことになるで、きっと。確信してるわ。
他の分野の人に対してはどや？　ウケるんか？　あんたらの分野以外で誰が得すんの？	［(3.6.2) 他の分野にどのような影響を与えるのか］のように、今回の手法や考え方や結果は分野を越えて使えると思うてる。
言いたいことは他にあるか？	せやから、この研究は投資する価値あるで。

15

> **ポイント!** 何を書くべきかをキチンと理解しよう

最も大切な点は尋ねられていることだけに答えることです[*5]。尋ねられていることを書かなかったり余計なことを書いたりして、何を言いたいのかわからなくなってしまったりしている場合がかなり多く見受けられます。以降ではなるべく噛み砕いて各項目について説明しましたので、何を尋ねられているのか何を書かねばならないのかをよく理解したうえで書き始めてください。

ここで挙げる13の書くべきポイントは内容的にほとんど被らないはずです。実際には、(3.4A.1) 何が問題なのかと (3.5.3) 具体的に何を明らかにするのかのように内容的にかなり近いものもありますが、よく考えれば微妙に役割が違うことがわかると思います（この場合は取り扱う問題の大きさ）。同じ内容が形を変えて申請書のあちこちに登場してくるようであれば、書くべきポイントからズレている可能性が高いと考えても良いでしょう。

Column 喩え話の錯覚

『若手研究者のお経』で有名な東北大学・酒井聡樹氏のホームページにある同名のコラムからです（http://www7b.biglobe.ne.jp/~satoki/ronbun/kyo/tatoe.html）。この中で、（研究を説明するうえで）意味のない比較をさも意味ありげにすることの危険性が説明されています。ものごとをシンプルに説明するうえで、アナロジーや喩え話は非常に有効ですが、使い方を間違えると途端に胡散臭くなってしまいます。中にはこうした説明になっていない説明で納得してしまう審査員もいるかもしれませんが、注意深い審査員に「こいつの説明は怪しい」と思われてしまうことのデメリットは計り知れません。また、自分自身が錯覚に陥り、穴だらけのロジックをもとに研究を進めてしまうと自分も不幸です。いずれにせよ、シンプルな説明の方法としてアナロジーや喩え話には限度があり、「本当にこれは意味のある喩えなのだろうか」という自問を忘れないようにしてください。

- 朝起きられないのは時間にルーズだからである。そんな態度の人は実験もルーズに違いない。まずは朝早く起きられるようになってから、データについて語ろう。
- 植物は暗いと光合成ができずに枯れてしまいます。私たちだって、ずっと暗い部屋にいると変になるでしょう？　それと同じです。

3.2 研究課題

形式面からの研究課題名のポイント

研究課題は長くできないため、なるべく簡潔に研究の特徴を示す必要があります。一般的な注意点は以下の通りです。

- 難しすぎる単語、よくわからない言い回し[*6]、自明でない略語は使わないこと
- 研究計画の内容とよく関連し、特徴を反映していること
- （理想的には）課題名だけを読んでも興味深いものであること

審査員や資金の出し手は、社会に影響を与える研究や科学を前進させる研究に資金を出したいと考えています。研究計画書の研究課題名（タイトル）は、あなたの研究がまさにそのようなものであることを審査員に伝える最初のチャンスです。他のものよりも目立ち、審査員にあなたの研究計画を読んでみたいと思わせるタイトルは、高い評価を得る可能性をさらに高めてくれるでしょう。

内容面からの研究課題名のポイント

より具体的には、以下の内容が一般的に研究課題に盛り込まれています。

- どうやってするのか（方法）
- 本研究で何をするのか（目的、本研究のゴール）
- それをするとどうなるのか、何を目指すのか（究極のゴール）

実際には全ての項目を研究課題に含めることは難しく、これらの中から1つないし2つを取り込んだ研究課題名にすることが標準的ですが、他にもさまざまな形式が存在するためケースバイケースとしか言いようがありません。

ここではKAKENで公開されている基盤Aの研究課題名を例に、どのように書くのが標準的なのかを見ていきましょう。

まさに出木杉君「方法＆目的＆究極のゴール」型

「この研究で何をするのかも、その先に何があるのかも、どうやってやるのかも、全部盛り込んだよ。どうしても長くなってしまうけどしょうがないよね」というパターン。

- 作物栽培技術学習のための多元センシングに基づく作物栽培知識マップの形成
- コウモリの集団飛行に学ぶ、3 次元群知能センシングの解明とその工学的応用
- 進行固形がんの治癒をも可能にする革新的内用放射線治療法／セラノスティックスの創成

字数制限のある中で全部を盛り込むのはやはり大変なのか、思った以上にこのタイプの課題名は少ない印象です。課題名だけで何をやるのかが大体わかる点に優れていますが、どうしても長くなりがちなのでパッと目につくという感じにはなりません。

スタンダードな「方法＆目的」型

「現実的な目的とそれを達成する方法を示さないと始まらないよね。これができたら、どういう未来が待っているか、については本文を読んでね」というパターン。

- 流動性足場・曲面足場設計に基づくオルガノイドの精密誘導技術の開発
- 語用論的分析のための日本語 1000 人自然会話コーパスの構築とその多角的研究
- 雇用保障と社会保障の認知と選好：パネル化認知・コンジョイント実験分析

ちゃんと数えていませんが半分弱くらいはこのタイプです。バランスが取りやすく、オーソドックスな形式です。良くも悪くも普通ですので、課題名で冒険する必要がないと考える人はこのタイプにしておけば無難でしょう。もちろん、良いものも数多くあります。

ひたすら夢を語る「目的＆究極のゴール」型

「どうやってやるのか、なんてどうでも良いでしょ！　だって、これができたら凄いんだから。達成する方法が知りたいなら、本文を読んでね」というパターン。

- 悪性脳腫瘍の標的免疫療法を実現する脳腫瘍浸透型ナノキャリアの開発
- 手話翻訳システム構築を目指した手話対話における文単位の認定
- 科学系博物館におけるユニバーサルデザイン手法の開発と実践モデルの提案

全てを盛り込んだタイプほどではないですが、長くなりがちなのと、直近のゴールと将来のゴールというある意味不可分のものが並ぶので、やや書きづらそうです。夢を強烈に語るので、内容もそれに合わせて書く必要があります。「目的のみ」型と並んで 2 番目に多く見られます。

技術開発万歳「方法論のみ」型

「新しい技術・方法を使えば何か新しいことがわかるでしょ。だって新しいんだから。これができたら、何になるかって？　本文を読んでね」というパターン。

- 光検出磁気共鳴イメージング
- 折り紙エレクトロニクス
- 半導体光フェーズドアレイを用いた高速イメージング

技術やアプローチの凄さが伝わるのであれば、シンプルで良いかもしれません。しかし、最先端すぎると伝わらず、すでに普及していれば陳腐化する、というかなり微妙なバランスでしか成立しない気もします。このタイプの課題名が少ないことも納得です。

やりたいことをする「目的のみ」型

「私はこれがしたいのだ！　どうやるか、それができたら何になるのかは目的の重要性に比べたら些末な問題なので、どうしても知りたいなら本文を読んでね」というパターン。

- 非コードRNA遺伝子をゲノムワイドに発見する汎用システム
- 最小記述量の計算困難さの解析
- 対話型中央銀行制度の設計

すごくシンプルで、これをしたい！というのがダイレクトに伝わってきます。あまり文字数を多くせず言いたいことだけをズバッと言うのがポイントです。「目的＆究極のゴール」型よりわずかに多そうですが、実質2位タイです。私は余計なものを極力削いだ先に究極の美しさがあると信じる人ですので、このタイプが好きです。

3.3　背　景

> **3.3.1　研究テーマを含む一般的な背景**

　分野外の審査員に研究内容を理解してもらうためには、より一般的な話から始めて、徐々に自分の研究テーマへと話を限定していくのが王道です。専門家でもない限り、いきなり具体的な研究テーマの話をされてもついていけません。まずは、何の話をするのか、どういう現状なのかなどの大枠を説明します。可能であればこの分野の重要性を示します。

　想定される審査員にとってどこまでが常識なのか、申請書を理解するために必要な知識は何か、という点を意識してなるべくコンパクトに書いてください。どんなに重要なことでも今回の申請書の理解に不要な内容であれば、ややこしくなるだけなので書かないほうが良いです。背景だから全てを盛り込むべきだとか、何を書いても良いと考えるのではなく、この内容は申請書の内容や研究計画の価値を大まかに（完璧にではなく）理解するのに必要な情報だろうか？という観点で書く内容を取捨選択してください。

- 免疫チェックポイント阻害薬は AAA に対して優れた効果を発揮する。
- AAA 年に成立した BBB 法は CCC という点で画期的であった。
- 今なお、多数の反応性官能基を持つ分子の AAA を BBB することは困難である。
- AAA（人名）は BBB の設立に大きな貢献をし、CCC を世に広めた。
- 電気推進機とは AAA を BBB することで CCC するものであり、DDD……

　文例をいくつか拾ってみましたが、背景にはこれといった定形がないため、あまり参考にはならないと思います。強いて言えば、短文で書き始めると読みやすいと思います。逆にダメな例を挙げます。

- 転写因子 AAA は一般的に BBB を認識するが、条件によっては CCC も認識する。

いきなり個別の問題を説明しているため、読み手はついていけません。

- 本研究の目的は AAA、BBB、CCC である。

背景を説明する前に目的を説明しているため、読み手は理解できません。おそらく、プレゼンでは最初に結論を示せ、というのを申請書に応用したのでしょうが……。

> **ポイント!** 背景を書くときは砂時計をイメージする

論文の書き方などで目にしたことのある方もいるかもしれませんが、背景を書く際には砂時計をイメージするとわかりやすいと思います。

より一般的な内容から、徐々に話を絞って自分の専門分野の内容を説明し、具体的な1つか2つの問題に落とし込みます。そこから、本研究で明らかになる点や他の分野への波及効果というようにまた話を広げていきます。

砂時計の1番くびれているところ（1番フォーカスするところ）が今回の研究目的となるように、目的から逆算して背景を書いていくと書きやすいでしょう。

> **ポイント!** 読み手を置いてけぼりにしない

読み手が背景説明についていけるかどうかは、(1) どこまで到達したいか（どれくらい複雑なことを説明したいか）、(2) 使えるページ数、(3) 読み手の知識レベル、(4) 説明をどのレベルから始めるかに大きく依存します。

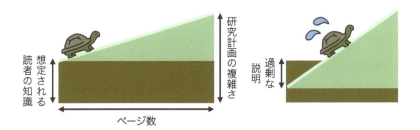

背景知識が共有されていなかったり、研究内容が複雑だったり、使えるページ数が限られていると、どうしても説明が駆け足になり、わかりにくくなってしまいます。ページ数と読者の背景知識はコントロールできないため、私たちの取りうる戦略は大きく2つです。

（1）研究内容をシンプルにする

本書での一貫した主張です。読者の背景知識とのギャップを減らすことで研究内容の理解を容易にすることを目指します。とにかく山を低くすることで、わかりやすくします。

（2）想定される読者の知識と背景説明のスタートレベルを合わせる

もう1つ、見過ごされがちなのが背景説明をどのレベルから始めるかです。科研費や学振の審査員は専門家なのですから、一般的な背景は簡単に済ませることができ、自分の研究の背景をしっかりと説明することが可能になります。見極めが肝心です。

3.3.2 研究テーマに特化した背景

これまでにどのような方向性で研究が行われてきたのか、すでに何が明らかになっているのかなど、研究テーマに直接的に関わる背景を説明します。この段階で全てが完全に理解されたというように書いてしまうと、以降で研究する理由がなくなってしまいますので、ある部分については理解が進んでいるがその他の部分ではまだである、というように話を持っていきましょう。

もし、あなたが過去にこの分野で成果を出しているのであれば、必ず論文などを引用しておきましょう。この分野で重要な貢献をしてきたアピールにもなりますし、評価してほしい成果を見落とされるリスクの低下にもつながります。引用にあたって、長くなるので雑誌名は入れないほうが良いと私は考えていますが、いわゆる良いとされる雑誌に掲載された場合にはあえて雑誌名を入れることもあります。もし、研究を始めた直後あるいはテーマを大きく変えた直後で業績がないのであれば、所属研究室がこの分野にどのような貢献をしてきたかを書いても良いでしょう（研究室にはこうした実績・技術・土壌がある → だから私も大丈夫、というロジックです）。これにより、自分（たち）はこの分野に貢献してきたこと、素人ではないこと、実績があることを示します。

- 特に AAA については、これまで申請者らを含めて BBB や CCC であることが明らかとなっている［文献 1］。（しかし、DDD についてはわかっていない。）
- AAA では BBB 法を用いた研究から CCC が DDD であることが示されている。（しかし、EEE では BBB 法が使えないので、理解が進んでいない。）
- 申請者を含め、これまで AAA は BBB によって解析されることがほとんどであった。（しかし、よく考えたらそれはおかしいのではないか。）
- 申請者（らの研究室で）は、これまで AAA を通じて BBB の CCC を明らかにしてきた［XXX et al., *Nature* 2018］。

- 申請者らのこれまでの研究により AAA の主要なメカニズムはほぼ完全に理解された。しかし、いくつかの例外的なものについては解析が遅れており……

このように、あるものについて理解できたというアピールをしすぎると、以降の問題は全て些末であることになり、自分で自分の首を絞めてしまいます。「AAA についてはわかったが BBB についてはわかっていない」や「AAA についての理解が深まったので BBB について取り組むことが可能になった」、などバランスを取らないといけません。

> **テクニック！** 文献の引用方法

　研究分野の背景を正しく理解し、それに基づいて計画が立案されていること、自分の過去の業績のアピールなど、申請書における引用文献は重要な意味を持ちます。ただし、実際に審査員が引用文献まであたるかというと、そんな時間はありません。となると、意外とスペースを使う引用文献は最小限にとどめておき、本文や図表を充実させるほうが効率的です。ここでは、いくつかのパターンを紹介します。

パターン１ 「ナウマン象の卵は褐色であることが確認された［Suzuki et al., 2018］。」

　本文中に書き込むタイプ。Family nameと年号（Suzuki et al., 2018）が最小セットで、次に雑誌名を入れるかどうか（Suzuki et al., *Nature* 2018）、巻号とページ数を入れるかどうか（Suzuki et al., *Nature* 45(5)：217-220, 2018）です。順番や区切り記号などにはバリエーションがあり得ます。本文中に書くため、長すぎると目立ちすぎて文章の流れが途切れますのでなるべく邪魔しない＆スペース節約という意味でSuzuki et al., 2018を推奨します。

　また引用文献を括る括弧は丸括弧（　）が一般的ですが、略号などで丸括弧が文中で出てくる可能性を考えると角括弧［　］で括るのはどうでしょうか？　さらに、フォントサイズ11 pt以上が基本ですが、引用文献を同じ大きさで書いてしまうと変に目立ってしまいます。そこで一回り二回りほど（1～1.5 ptほど）小さくすることで、文章の流れが中断されるのを若干ですが防ぐことができます。ただし、部分的にではありますがフォントサイズの規定を破ることになりますので、自己判断になります。私は問題ありませんでしたけどね……。

> ・象の卵は褐色であるとされてきた［Suzuki et al., 2018；Yamada et al., 2019］。
> 　ところが、……

パターン２ 「ナウマン象の卵は褐色であることが確認された[1]。」

　論文形式で書くなら文献リストを最後につける、この形式です。数字を上付にしても良いですし、角括弧を用いて［1］のように書いても良いでしょう。

　問題は文献リストをどうするかです。このタイプの文献の引用をする方の多くは、フォントサイズをかなり小さくして、著者名・タイトル・巻号・雑誌名・ページなどを書いています。引用する数を減らしても数行は使います。審査員にとって引用文献のタイトルがどれほど重要かは疑問ですが、正統派ではあります。2段組を利用する、Times New Romanのような欧文フォントを使う、著者名は全員を書かずに筆頭もしくは3名までにする、タイトルは省略する、などするとスペースの節約になります。個人的には、ここまで詳しい情報は望まれていないのではないかと思います。

> **ポイント！** 「だから何？」に対する回答を用意する

背景や研究の目的では、何を明らかにした（する）のかを具体的に説明します。

> - 申請者は AAA を用いて BBB の解析を行い、CCC 遺伝子の発現が増加していることを示してきた。次に、……
> - 本研究では、AAA と BBB を行うことを目的とする。

のような背景や目的を書く方がいますが、結果・事実や具体的にすることを提示するだけで、申請者の主張や研究目的までを理解しろというのは無理な話です。審査員はあなたの分野の専門家ではありませんので、その事実を受けて申請者はどのように結論づけたのか、どのように解釈しているのか、どこが新しいのかを言い切る形で示してもらわないと「だから何？」となってしまいます。

> - 申請者は AAA を用いて BBB の解析を行い、CCC 遺伝子の発現が増加していることを示してきた。このことは、CCC が DDD であることを意味し、これに基づくと……
> - 本研究では、AAA および BBB を行うことで、CCC を明らかにすることを目的とする。

背景は必ずしも何かまとまった結論を示す必要はなく、下記のようなものでも構いません。

> - AAA を行い BBB という結果が得られたが、これは CCC という解釈以外に DDD という解釈も存在し得ることから、現時点ではどちらの説が正しいかは未だ不明であった。

この場合でも「現時点では確定的なことが言えない」という申請者の結論が示されています。このどちらが正しいかを本研究で明らかにする、という流れであれば、あり得る背景説明です。

これが、以下のように途中で終わってしまうと「だから何？」となってしまいます。

> - AAA を行い BBB という結果が得られた。

3.4　なぜ今その研究なのか

3.4A.1　何が問題なのか

どんな分野でも未解決問題はあるはずです。もし何もないのであれば、分野としては完成してしまっており、いまさら研究することはないことになってしまいます。しかし、未解決問題であれば何でも良いわけではありません。申請課題として取り上げる条件は大きく2つで、(1) 今回の研究で解決可能な問題であること、(2) 今このタイミングで解決しなければならない重要な問題であることです。これについては、(2.4) 何を研究するかですでに説明した通りです。

> **テクニック！** 解決できそうなものだけを問題点として提示する
>
> ドラマや小説でも伏線が回収されないまま放っておかれると、フラストレーションが溜まります。これは申請書でも同じです。やや逆説的になりますが、研究計画で解決が見込める問題から逆算して、問題点を指摘するようにしてください。論文などでは解決できたところだけを問題点として指摘することになります。
>
> - これまで徳川埋蔵金がどこにあるのか、そもそも存在するかについては不明であった。（しかし本研究ではそれについて何か発見があるわけではない。）
> - ワープは理論上可能であると指摘されてきた。（しかし、その実証はここではしない。）
>
> 申請者が問題点を指摘した以上、それに対して何かしらの回答があると読者は想定します。そのため、特に何の答えも提示しないまま別の話題に移ってしまうと、読者は肩透かしを食らってしまいます。また回答の質も重要です。論文などの場合は、インパクト的にはかなり弱いですが理屈のうえでは下記のような報告も成り立ちます。
>
> - 徳川埋蔵金がどこにあるのかはわからなかった。
>   → 今回の調査でもわかりませんでした。
>
> しかし、申請書のようなこれからの研究計画の場合にこれをやってしまうと、「やる予定がないのに、なぜわざわざその問題を指摘するのか。指摘した以上はちゃんとそれに向き合って、答えを出してよ」と思われてしまうでしょうね。

3.4A.2　なぜその問題は未解決のまま放置されていたのか

　条件（1）「今回の研究で解決可能な問題であること」についての布石を打ちます。どんなに重要な問題であっても解決方法がなければ意味がありません。問題解決の第一歩は原因の究明、すなわち、なぜその問題が未解決であったかの理由をはっきりさせることです。

> ・技術が足りていなかった → 本研究で新技術を開発し、この問題に初めて挑戦する
> ・ある一側面からしか見ていなかった → 本研究では、これまでとは異なる側面から見る
> ・申請者らの研究により、新しいことがわかった → この知見をもとに XXX を理解する

など、未解決だった理由と解決方法（および、研究の独自性）はセットになります。

　理由となり得る事象としては、技術的な難しさ・材料などの制約・視点・場合によっては時間不足などが考えられます。逆に理由としないほうが良い事象としては、資金不足・人手不足・個人的事情など本質とは関係のない理由です。さらに最悪なのは、実際にはそうした問題意識やそれに対する解決アプローチの報告はすでに存在しているのに、申請者の無知が原因でもう一度同じことをやろうとしている場合です。車輪の再発明と言えば聞こえが良いかもしれませんが、時間・金・人的リソースの無駄遣いです。審査員がそのことを知っている場合は特にげんなりしますので、文献調査はしっかりやっておきましょう。

> **ポイント！**　「なぜ未解決だったのか」の理由付けは、よく考えて！
>
> 　後の解決方法の提案に説得力を持たせるために、これまで未解決であった理由に関しては書いておくほうが望ましいのですが、絶対に書かないといけないというものではありません。ただし、問題が未解決であった理由として「これまでやられていなかったから」もしくは「着目されてこなかったから」を思いついてしまった場合は要注意です。
>
> **（1）思考が浅いところで止まってしまっている場合**
> 　未解決であった理由として「やられていなかったから」は理由になっていません。やられていない問題は全て未解決であるので当然です。ここで示すべき理由は「なぜ、しようとしてもできなかったのか」についてであり、それは研究のアイデアで乗り越える問題点そのものです。落ち着いて考え直しましょう。
>
> **（2）そもそも解くべき問題ではない場合**
> 　やられていないことは取り扱うべき問題の必要条件ではありますが、十分条件ではありません。もし、本当にこれしか理由がないのであれば、それは重要な問題ではないのかもしれません。詳しくは（3.5.1）研究のアイデアを参照してください。

3.4A.3　その未解決問題でどのような弊害が起きているのか

　先の条件（2）「今このタイミングで解決しなければならない重要な問題であること」についての説明をし、この問題の重要性を示します。仮に何かが問題であっても、それによって弊害が起きていなければ、「今このタイミングで」問題解決を目指す理由としては弱くなります。逆に、何か具体的な問題、特に多くの人が関係する問題が起きているのであれば、急いで解決しなければならないという主張には説得力があります。これにより、

> 重要な問題があり困っている＝今このタイミングで研究を行わなければならない
> → この研究課題を採択して研究を進めたほうが良い

というロジックの成立を目指します。

　また、将来的には問題になることが予測できても優先順位が低い場合、「今このタイミングで」問題解決を目指す理由としてはやはり弱くなります。

> - しかし、技術的な問題から AAA が BBB かどうかについては検討が遅れていた。これにより、CCC の DDD 特性を制御する方法は未だに明らかにされておらず、EEE のような非効率な方法が主流となっている。
> - これまで AAA は BBB であると信じられてきており、CCC の可能性については検討されてこなかった。しかし、申請者の予備実験では DDD であることが示されており、この結果はこれまでの考え方を大きく見直す必要があることを示唆している。

> - 申請者は AAA について明らかにしてきた。しかし、BBB については解析されていなかった。そこで本研究では BBB を明らかにすることを目的とする。

非常によくある例です。「これまで研究されていなかったから」は、それだけでは理由になりません。数多くある未解決問題のうちなぜそれを選んだかについての説明が足りていないからです。たとえば、「庭石の産地は誰も調べてこなかった。本研究では、庭石の産地を明らかにする。」という研究計画が成立しないのは明らかです（特に弊害がない）。

> - モノのインターネット化（IoT）が進む 2100 年には 2000 年時と同等以上のコンピュータ誤作動問題が起こると想定される。

今このタイミングで解決すべき問題ではないので、問題点の指摘としては物足りません。本来は早めに手を打つべきですが、人は何か危機が起きた直後か、危機が目前に迫るかでないと動きません。優先順位を考えると、他にやることがある、となってしまいます。

> ・資金不足から AAA を進めることはできなかった。本研究費が採択されれば……

お金・時間・人手・規制などの制限により、誰しもがその問題には気がついていたが放置されていたという状況は、大規模プロジェクトではしばしば見られます。しかし、個人研究レベルで、技術的・コンセプト的には新しくないのに誰もやっていない問題の多くは、そもそも研究するに値しない場合が多いので注意が必要です。

テクニック！ 「研究課題の核心をなす学術的『問い』」の書き方

科研費の「研究課題の核心をなす学術的『問い』」は非常に書きにくく、個人的には良くない設問だと思っています。申請者の問題意識はどこにあるのか？ということであり、文科省の Q&A でも「*当該研究課題を遂行することによって、学術的に解明したい謎（知りたいこと）や、学術的に解決したい課題を指します。この箇所は、応募者がそれらを審査員に明確に示してもらいたいという意図から設定しています。*」となっています。

しかし、「寒いので手袋が必要である。だから本研究では手袋を作る。」と書いてしまうと「問い」はどこにも出てきません。申請書が想定している流れは、

> ・寒い → どうすれば寒さが凌げるのだろうか（問い） → 手袋を作れば良い

なのですが（着想に至った経緯が後ろにある）、アイデアを先に示そうと思うと、

> ・寒いので手袋が必要である。「問い」は「手袋によって寒さを凌げるか」である。

となってしまい、同じことを繰り返すはめになってしまいます。そのため、工夫して書かないと質問に対してうまく答えられません。1番シンプルには次のように書いてしまうことです。割り切ってアイデアを先に示さないというのも手ですね。

> ・最近、寒い（背景）。この寒さによってみんな困っている（弊害）。手袋を使えば良いと考えた（アイデア）。なぜなら手袋は防寒具として安価で優れていると考えられるからである（根拠）。本研究では、「手袋はどの程度の防寒対策になるか？」を本研究課題の核心をなす学術的「問い」として設定し、以降の研究を実施する。
> ・最近、風が強く寒い。この寒さによってみんな困っている。昔から毛糸の手袋は使われてきたが、耐風性という点では不十分であった。そこで本研究では、「どういった材質の手袋であれば耐風性と防寒性を両立できるか？」を本研究課題の核心をなす学術的「問い」として設定し、以降の研究を実施する。

3.4B.1　どういう視点が欠けていたのか、何が可能になったのか

世の中には、問題を解決するタイプの研究とは別に、新たな価値の創造を目指すタイプの研究があります。たとえば、純粋数学における諸問題の解決や、文学・歴史・哲学などがその例です。こうしたタイプの研究では、これまでになかった新たな価値を生み出すことで、直接または間接的に人々の思考・行動を変え、社会に変化をもたらすことが期待されます。たとえば奴隷解放運動においては哲学者がそのきっかけを創ったとされています。

これまでにどういった視点が欠けていたのかについて説明することは、あなたならではの着眼点を説明することでもあります。ただし、iPhone 登場以前になぜああいうタイプの電話がなかったのかを説明するのが難しいように、価値創造型では問題解決型以上に「なぜ」については説明しづらいため、その視点が欠けていた理由についての説明は必ずしも必要ではありません（何か明確な理由があるのであれば説明したほうが良いでしょう）。

- このように単純化した条件での AAA は明らかとなったが、実際には BBB であったはずである。

単純化したために何か問題が生じているのであれば問題解決型になりますので、これが純粋な価値創造型に分類できるかは微妙なところですけれども。

- これまで AAA は BBB であると信じられてきており、CCC が DDD する可能性については検討されてこなかった。しかし、申請者の予備実験からは EEE であることが示されており、この結果はこれまでの考え方を大きく見直す必要があることを示唆している。
- 最近 AAA が低コストで利用可能になってきており、さまざまな分野への応用が広がっている。本研究では BBB に AAA を適用することで、これまでよりはるかに高精度かつ高速で CCC することを可能にすることを目指す。

- これまで AAA について研究されてきたが、BBB については研究されてこなかった。

あちこちで出てきますが、本当にこの手のロジックを展開する方が多いので注意してください。「研究されていないこと」は「研究する必要があること」と同義ではありません。

第 3 章　何を書くのか

> **3.4B.2　新たな価値の提案**

　どういった視点が欠けていたのか、何が新たに可能になったのかを指摘した後は、それらによって本研究ではどのような価値を提供できるかを説明します。どうしてもスケールの大きい話になりがちなので書きにくい箇所ですが、この究極のゴールを書かずに、何をするのかを書くだけにとどまると、研究の全体像があいまいになってしまいます。

　正直なところスケールの大きい話なので実現可能性を真剣に議論するというよりは、そうした方向性での議論が起こり、もしかしたら社会変容のきっかけになるでしょうというくらいのスタンスだと思います。

- AAA は江戸末期の思想史において重要な貢献をした。（背景）
    - → 現代でも日本人の行動規範に大きな影響を与えているが、それがどのように江戸市民に定着していったかの理解は不足していた。（何が欠けていたか。内容は適当です）
    - → 江戸末期のように異文化が半ば強制的に流入する状況は現代社会と通ずるところがある。（なぜ今この研究なのか。内容は適当です）
    - → 本研究では XXX や YYY により AAA が江戸市民に定着していく過程を明らかにすることで（目的）、「BBB の時代」を突破する理論と実践を提示する。
- AAA への批判的な分析が可能になる。
- AAA を提案（提示・提供・可能性を検討）する。
- AAA を説明する要素理論を明らかにし、AAA の学際的な教育・研究の基盤を形成する。
- グローバル化が進行する中で、日本にとって最適な AAA の在り方を検討する。

> **ポイント！　実現可能性は Feasibility ではなく Possibility を前面に出す**
>
> 　価値創造型の申請書は特に「やられていないからやる」といったロジックに陥りがちです。採択された申請書を見ていても必ずしも、どこに新たな価値があるのか、について言及していないものも多くみられます。価値創造型のキモは社会のありようを変える可能性について提示する点です。しかし、いわゆる理系的な観点で実現可能性（Feasibility）を判断してしまうと正しい評価には行きつきません。これらの成果がすぐに何かに役立たないことは良いとして、それらが潜在的にどのような可能性（Possibility）を持っているのかを示すことはすごく重要です。もちろん Feasibility が全くないと単なる夢物語になってしまいますけれど……。

3.4B.3 なぜ今その研究なのか

　価値創造型の研究では具体的な問題と密接にリンクしているわけではないので、なぜそれを研究対象として選んだのかの理由付けはなかなか困難です。しかし、なされていることよりも、なされていないことのほうが多い中で、なぜ今その研究を行うのかについてはやはり説明が欲しいところです。こうした研究においては、たとえ研究が完成しなくても特に何かがすぐに問題になることはありませんので、むしろ、完成したときの波及効果や人類の知への貢献度、今までにない視点の新しさがモノを言います。具体的な問題がないということはむしろメリットであり、このタイプの研究においては「制限がなく自由な発想で研究した結果、どのような面白さを引き出せるのか」という点が何よりも重要になる、と私は理解しています。

> ・ゲノムの解読により、どのような遺伝子が存在するかについては明らかになった。しかし、遺伝子発現プロファイルはゲノム情報だけでは自明ではない。そこで、申請者らは遺伝子発現情報をカタログ化し、どの遺伝子がいつ・どこで・どれだけ発現しているかを網羅的に記録することを……
> ・申請者はこれまでに AAA の BBB について明らかにしてきた。しかし、最近になり CCC が発見されたことから、AAA を DDD の面から理解できる可能性が出てきた。

何か状況が変われば、そこに新しいことが眠っている可能性は高いと言えます。

> ・AAA の BBB は現代においてもその輝きを失っておらず、むしろ、CCC が DDD である今こそ EEE といった価値を持つと考えられる。特に FFF は……

現代社会と絡めての記述も効果があります。

> ・AAA 災害は BBB に大きな被害をもたらし、CCC のあり方を見直すきっかけとなった。

時事的な事柄は「今」最も研究する価値が高いので、なぜ今その研究かのうちの半分には答えられていますが、それが研究に値するかどうかはよく考える必要があります。

> ・申請者はこれまで AAA の研究をしてきた。そこで次に、BBB の研究に取り組む。

良いんですよ。良いんですけど、AAA の続きの研究をするとしても BBB 以外の CCC や DDD といった選択肢もある中で、なぜ BBB を優先するかの理由が欲しいのです。

第 3 章　何を書くのか

以降では主に問題解決型を例に説明しますが、価値創造型でも同様です。

3.5　解決のアイデア・研究目的・研究計画

3.5.1　研究のアイデア

　これまでで未解決の問題点を指摘し、その重要性を説明してきました。次にすることは「どうすればその未解決問題を解決できると考えるのか」について申請者のアイデアを示すことです。これまでにはない視点や技術・手法・知見で研究を行う場合はわかりやすく、

> 誰もできない（思いつかない・知らない）→ しかし、私ならこの問題を解決できる

というロジックがすんなりと成立します。新しいアイデアは基本的には過去に存在したアイデアの組み合わせや形を変えたものです。他の分野でうまくいっている事例の転用・応用、過去の報告の組み合わせなどが考えられます（(5.1) オズボーンのチェックリスト）。また、アイデアについて何かしらの予備データがあれば、説得力はかなり増すでしょう。

　一方でよく考えないといけないのは、技術的にも解決アプローチ的にも目新しくない場合です。この場合、なぜこの方法・このアプローチでこれまで解決されていない問題を解決できると考えるのか、どこにあなたの優位性があるのかという疑問に答えないといけません。もちろん、そのアイデアは何かを少し付け足せるという意味では新しいのかもしれません、しかしそれは本当に重要な問題を扱っているのでしょうか？　こうした質問の背後には「解く価値のある問題を扱っていて、その解決方法もすでに存在しているのに、なぜこれまで誰も解決しようとしてこなかったのか（解決できなかったのか）？　『解く価値がある』という前提は本当に正しいのだろうか？」という疑問があります。

　こうした既存の方法・アイデアでもうまくいくパターンは限られていて、手法・技術・アイデアは既知だけど、資金・人手・技術・環境的な問題から誰もができるわけではない研究などです。具体的には、大規模研究や最先端技術・熟練した技能や才能を要求する、といったものが考えられます。

　新しいアイデアは良い研究の源泉です。研究者といえども昇進すればするほど、実際の研究はできなくなってきます（実際、私の研究分野では、博士課程の学生〜助教くらいが腕も良いし、まとまった時間がある）。そのときにあなたに残された仕事の 1 つはアイデアを生み出すことです。若いうちは馬力に任せて「数撃ちゃ当たる方式」でも良いでしょう。しかし、そのやり方では申請書やプレゼンの際にうまくアイデアを説明できませんし（たまたまとしか言いようがない）、忙しくなり手数が減った瞬間に破綻します。

3.5 解決のアイデア・研究目的・研究計画

> **ポイント！** 研究のアイデアこそオリジナリティの源泉である
>
> ここに申請者のオリジナリティが出ます、というか出さねばなりません。たとえばがん治療を目指して多くの研究が行われていますが、その解決アプローチは人それぞれです。もちろん教科書的な方法は存在しますが、そういった誰もが思いつく方法や視点の場合、競争は避けられません。または、すでに誰かが挑戦したがうまくいかなかったので、未発表のままであるという可能性があります[*7]。資金や人手が豊富にある、取り扱う技術に一日の長がある、などでなければ、そうした誰もが思いつく方法は単なるスピード勝負になってしまいます。人気の問題であればあるほどその傾向は強まります。
>
> ですので、私たちが取り得る問題解決のアプローチは (1) 新しい技術や手法・新しい物の見方などアイデアで勝負するもの、(2) 申請者が最先端を走っているなど先進性で勝負するもの、の2つが王道になります。結局、金・人・技術がなければアイデアで勝負しろという話に落ち着いてしまいます。そして、金と人はアイデアでは生み出せないですが技術はアイデアで生み出せるので、私は技術開発が好きです。

> **テクニック！** 新しいアイデアの生み出し方

「アイデアとは既存の要素の新しい組み合わせ以外の何ものでもない。」ジェームス・W・ヤングによる『アイデアのつくり方』の一節です。iPad発売時にスティーブ・ジョブズも「すでにあるものを組み合わせただけ」と答えています。これらは非常に示唆的です。

> **（1）新しいアイデアを生み出すことは天才的発想などではなく、技術である**
> **（2）組み合わせる要素に対する深い知識がないと、新しいアイデアは生まれない**

（1）についてはすでにいろいろなテクニックが存在しており、(5.1) オズボーンのチェックリストもその一例です。他にも読書猿『アイデア大全』にはさまざまな方法が紹介されています。(2) については多くの異分野を知ることが決定的に重要です。学問分野は細分化しすぎており、ある分野における問題が別の分野ではすでに解決済みである、ということが頻繁にあり得ます。自分の領域とは少し違う学会・研究会・論文チェックなども良いでしょうし、自分の少し上のレベルの人たちと一緒に何かすると面白いアイデアや知識がどんどん得られますので、さきがけ・CREST・AMEDのような制度は非常に良い機会です。また、Twitterによる情報収集もおすすめです。世の中には奇特な人がおり、最新の知見を頻繁につぶやいてくれています。そういう人たちをフォローするか定期的にチェックするだけでも、他の分野の潮流をだいたい追いかけることができ、ヒントとなります。

3.5.2 その方法がうまくいくと考える根拠

　申請者がどんなに素晴らしいアイデアだと考えていても、その根拠を示さなければ審査員を説得できません。また、実際にお金と時間、労力を使って研究するわけですから、単なる思いつきに賭けるのは自分自身としてもハイリスクです。もちろん、インドの数学者・ラマヌジャンのような直感的な発見や、ペニシリンのような偶然の大発見という例も数多くあり難しいところですが、申請書において審査員を説得することと、直観やセレンディピティを大事にすることは別の話です。

　根拠を示すためには、独自の予備データや既存のデータの再解釈などが有効です。アイデアを示しているにもかかわらず、根拠が何もないというのはかなり説得力に欠けます。

> 競馬で絶対に勝てる方法を思いついた。その根拠は企業秘密で示せないけど（あるいは、うまく説明できないけど）、私はうまくいくと思っているのでお金を貸してほしい。

と言われてお金を貸す人はいません。しかし、下記のように言われれば、お金を貸す人はいるかもしれません。

> XXX の理由によりオッズには歪みが存在するので、YYY という買い方には優位性がある。

　このように、申請書に説得力を持たせるうえで、アイデアの根拠はかなり重要です。アイデアや予備データなどを出し惜しみしないほうが良いでしょう。幸か不幸か審査員のほとんどは分野外です。アイデアの盗用を懸念するより、採択の可能性を上げることに賭けるほうがよっぽど賢い選択だと思います。

　そして、アイデアの根拠をいかにエレガントに示すかがキモです。複雑な理屈をこね回しても分野外の審査員には伝わりません。細かな例外や事前に検討すべきことは申請者側で熟慮したうえで計画を立てることは当然ですが、限られた紙面でそれら全てを伝えられない以上、審査員に向けての説明では話をあえてややこしくする必要はありません。

語弊を恐れずに言えば、

> **極限までシンプルに説明し、審査員に「わかったつもり」になってもらうこと**

が重要です。詳しくは（4.3.5）言い切る、言い方を考えるを参考にしてください。

> ・申請者はすでに AAA の研究を始めており、予備的ながら BBB であることが明らかとなっている。今後さらに……

「だから、申請者の問題解決のアイデアは間違っていない」という主張になります。

> ・AAA では BBB であることが示されていた [XXX et al., 2017]。一方、BBB では CCC である [YYY et al., 2018]。これらを総合すると AAA は CCC ではないかと考えられた。実際、DDD によると EEE が FFF することが示されていることから、この可能性は高い。
> ・AAA では BBB を用いて CCC が明らかにされている。申請者は、DDD においても EEE することで FFF が可能になるのではないかと考えた。

> ・本研究は、時空を歪ませることでタイムトラベルに挑戦する。

時空を歪ませるというのは研究のアイデアのようにも思えますが、具体的にどうするかが想定できないので、適切ではありません。研究のアイデアは具体的であるべきです。

> ・AAA することで BBB となることが既に示されているが、aaa については知られていない。そこで本研究では、aaa することで bbb となるかどうかを検証する。

他の人の実験に直接的に影響された研究計画は、その程度によりますがオリジナリティは限りなく薄いです。あまりにも似すぎると銅鉄実験とみなされてしまいます。

> **テクニック！** 研究の特色・独創的な点の書き方、考え方

> この項目は最も多くの人がうまく書けずに苦労しているようです。
>
> - 特色と独創的な点について……（学振）
> - これまでの先行研究等があれば、それらと比較して、本研究の特色、着眼点、独創的な点（学振）
> - 国内外の関連する研究の中での当該研究の位置づけ、意義（学振）
> - 本研究が完成したとき予想されるインパクト及び将来の見通し（学振）
> - 本研究の目的および学術的独自性と創造性（基盤・若手）
> - 関連する国内外の研究動向と本研究の位置づけ（基盤・若手）
> - 応募者の専門としている研究分野と当該領域の研究が有機的に結びつくことにより新たな研究の創造が期待できる点（新学術領域）
> - 当該分野における、この研究（計画）の学術的な特色・独創的な点及び予想される結果と意義（新学術領域）

このように、いろいろな形で聞かれますが、書くべき内容はほとんど変わりません。本研究の位置づけや意義、将来のインパクトについても研究の特色の一種ですが、注意が必要です。

まず、別項目でこれらの内容を書くのであれば、特色と独創的な点、での内容と被らないようにします。ただでさえスペースが不足しがちであり、重複した内容を書く余裕はありません。また、書くにしても本研究の意義や将来のインパクトについての優先度は決して高くありません。これらは、往々にして本研究計画そのものではなく、研究対象や研究分野そのものの重要性についての説明になりがちであり、申請書を評価するうえでプラスに働きにくいからです。

詳しくは、（3.6）何がわかるのかを参考にしてください。また、p. 109の **テクニック！** にも簡単な説明があります。

研究の特色

この研究はどういった点に特徴を持つのか、について説明します。先行研究と比較してどこがどのように違うのか、どこが有利なのか、なぜ「あなた（たち）」がする必要があるのか、などについて説明します。

独創的であることも特色の一種ですが、特色と独創性の両方を書く場合は、内容の重複を避けるため、特色にはそれほど独創的ではない点（アイデアや技術を要求しない点）を中心に書くことになります。珍しい研究材料が手に入りやすい（本研究室で作成した）、高価なあるいは珍しい機器を有している（管理している）、これ

までに予備的な・同等の・関連した研究データが蓄積している、研究対象の取り扱いに一日の長がある、これまでより大規模に研究する（できる）といった内容などが該当します。もちろん、従来とは異なる手法を用いる（ので新しいことがわかる可能性が高い）、異なる考え方に基づいて研究する、など独創的とまではいかないけれども、それに類するようなものも該当するでしょう。特色と独創性の境界はあいまいです。

独創的な点

研究のアイデアや着眼点、研究方法（アプローチ）、研究技術などがこれまでになかった、独創的であると説明するパートです。特に、ここを書くのに苦労している人が多く、「技術的にも研究内容的にも新しくないので書きようがない」という相談をよく受けます。

そもそも論で言えば、それは本当に解く価値のある問題なのか、あるいは創造する価値のあるものなのか、についてしっかりと考えてこなかったからだという話になります。これまでできなかったことをする以上、そこには何かしらの独創性が必要だからです（本当に価値があり、それを達成するための方法もあるなら、すでに誰かがやっている）。

しかし、研究はすでに始まってしまっており、いまさら変更できないことがほとんどです。そういった場合は、現在の研究内容から逆算的に独創的な点を考える必要があります。多くの人は、着想が独創的である、あるいは、解決アプローチが独特であるという書き方で乗り切っています。すなわち、研究対象はすでに存在し、解決のために技術的な障壁はないのであれば、それを研究しようと思ったこと（着想）自体や、こう研究しようと考えたこと（解決アプローチ）自体に独自性・独創性を求める他ありません。

> ・これまでは AAA は BBB の側面から主に解析されてきた。これに対して本研究は、AAA を CCC の側面から明らかにするものであり、これにより DDD や EEE といったこれまで見落とされてきた点を明らかにできる点で、独創的である。

ただし、着想の独自性の根拠として、これまでになされていないことを挙げるのはあまり良くありません。これまでに研究がなされていないことは、新しい研究の必要条件ですが十分条件ではありません。詳しくは（3.4A.2）なぜその問題は未解決のまま放置されていたのかや（4.3.4）なぜこの研究を行うのかを参考にしてください。

いずれの場合においても「AAA であることが大きな特色である」「BBB を CCC することは独創的である」と書くだけならば誰でもできますので、どこが・どういった理由でそうであるのかを具体的に示さねばなりません。こういった理由付けがない主張は説得力に欠け、独りよがりの文章になってしまいます。

> **テクニック！** 未発表データは有効に使おう
>
> もし未発表のデータが手元にあるならば、あえて背景で説明せず（既知のものとして取り扱わず）、この研究計画がうまくいく根拠として使うことが可能です。
>
> - （アイデアの根拠）といった理由から、申請者は AAA を BBB することで CCC を明らかにできると考えた。このアイデアに基づき、申請者はすでに実験を始めており、予想通り DDD が EEE であることを予備的ながら確認している。こうしたことから、……
> - 本研究は AAA によって BBB を明らかにすることを目的とする。実際、CCC より DDD は EEE であることが確認されていることから（図1）、特に FFF について解析を行う。
>
> 予備データを示すことは、申請者の研究能力の証明となるだけでなく、研究計画が的外れでなく、この方向で進めれば研究が進むであろうことを担保することにつながりますので、申請書に説得力を持たせるうえで極めて有効に働きます。もうほとんどできていて、あと一押しをサポートしてもらうくらいの心構えで臨んでください。

3.5.3 具体的に何を明らかにするのか

あなたがこの研究で最もしたいことを短くまとめます。研究の究極のゴールは、当然、申請者独自のアイデアによって未解決問題を解くことです。しかし、現実的には問題が大きすぎたり、時間が足りなかったりして、問題点の全てを今回の研究期間内に解決できるわけではありません。全部を解決できない以上、

問題を分割して小さい問題として取り扱い、その解決を本研究のゴールとして設定する

ことになります。「それは、具体的にはこの部分ですよ」ということをこのパートでは説明します。これは、本研究の目的そのものです。

たとえば、花が咲く仕組みがわかっていないという未解決問題を指摘したとしても、今回、実際に研究することはある遺伝子の機能解析だったりします。したがって、「AAA の包括的な理解」や「人類の幸福」、「生命の理解」というようにすごく遠いところを究極のゴールとして見据えるのは良いとしても、ここでは、自分の足元、すなわち今回の研究で具体的に何をするのかの至近のゴール（目的）を明示する必要があります。この目的をあいまいにしてしまうと、審査員は今回の研究で結局何をするのかが見えず、評価のしようがなくなってしまいます。

3.5 解決のアイデア・研究目的・研究計画

- そこで本研究は AAA というアイデアによって BBB を明らかにすることを目的とする。具体的には CCC、DDD、EEE の 3 点を明らかにする。
- 本研究は以下の 3 点を明らかにすることで、AAA における BBB の確立を目指す。

- 本研究では AAA 社の BBB キットを用いて、CCC 度・DDD 分で反応を進め、EEE を計測する。その後、FFF 装置で GGG を定量することで、HHH を計算する。

説明が細かすぎます。温度が何度であろうが、審査員が内容を理解するうえでは些末な問題です。こうした余計な情報は話の流れを中断するだけでなく紙面の無駄です。

- このアイデアにしたがって、申請者は世界初の AAA の製作に取り組む。それを用いて未だ治療法が確立されていない BBB 病の治療を可能にする。

AAA の製作も BBB 病の治療も世界初というヘビー級の課題であり、問題が分割されていないことに加え、BBB 病の治療法の研究は AAA の製作が前提となっています。最初の段階で失敗したら何も達成できず、リスクの高さを意識せざるを得ません。

- 本研究では、(1) AAA の収集、(2) BBB の調査、(3) …… (12) DDD の考察、を行う。

時々、研究項目を細分化して 10 個以上も書いてくる方がいます。数が多くなると後述するようにデメリットが目立ち始めます。感覚としてはプレゼンテーションで箇条書きは数個程度にまとめる（数を多くしすぎない）というのに似ています。

- 本研究では、AAA の解析を行う。

では、一点突破を目指して研究項目を 1 つにすれば良いのでしょうか？ これはこれで後述するような問題があります。

研究項目が多すぎると……
（1）全体としてどこに向かっているのかが見えなくなる
　個々の研究項目がどのような関係にあるのかが見えづらくなり、結局、申請者は何を知りたいと思っているのかがあいまいになってしまいます。さらに、限られた期間内に全ての方向にエネルギーを注げば、全部が中途半端になってしまう可能性があります。

（2）単純に書くスペースが減る
　限られた紙面に数多くの計画が並べば、当然1つあたりに割けるスペースは減ります。個々の研究について表層しか語れないのであれば、ほとんど理解はしてもらえないでしょう。戦術において「戦力の逐次投入」が愚策であるとされるようなものですね。

（3）読む気が失せる
　(1) と (2) の結果、薄いコーヒーを何杯も飲まされるような感覚になります。読んでいるほうはたまったものではありません。時間がない審査員は当然読むのを諦めます。研究項目とは研究内容のまとめです。項目数が多すぎるのは、まとめとは言えません。

研究項目が少なすぎると……
（4）研究が失敗したときのバックアップがなくなる
　私たちは、もちろん、うまくいくと信じているからこそ研究計画として申請するわけですが、現実的には100％の成功はあり得ません。うまくいかない場合も当然あります。研究の初年度にうまくいかないことが発覚した場合、どうしようもなくなってしまいます。

（5）研究の発展性がなくなる
　あまりにも簡単な課題を設定すると、早々に研究計画を達成してしまった場合にすることがなくなりますし、科学的な前進もわずかにとどまってしまいます。逆に、非常に挑戦的な課題を設定すると、研究期間中を通して成果が何もないという事態が起きてしまいます。大きなところを見据えつつも着実に進んでいくためには、一点突破はリスクが高すぎます。

　結論としては

> おそらく大丈夫だと思われる手堅い研究項目と挑戦的な研究項目を組み合わせた、2～3個の研究項目を立てることでリスクをコントロールする

となります。また、他の研究項目の成功を前提としているような計画もリスク高めになるので、そうしたものを含める場合も、手堅い研究計画との組み合わせが必須です。

A：安全・確実ではあるけどインパクトのない研究ばかりしていても、まとまった成果にはつながりません。

B：かといって、リスクの高い研究計画を土台として次の計画を立てても安定度は増しません。成功すれば結果オーライですが、そうなるかどうかは誰も判断できません。転倒してしまうと何も残りません。

C：1番良いのは、おそらく達成できるだろうと思える計画を積み上げていきつつも、インパクトを与えるような仕事をすることです。

D：そんなに都合良くいかない場合でも、確実な計画とリスクの高い計画を組み合わせることで一定程度の達成度は確保しつつ、あわよくばかなり進展が見込める計画で評価されます。仮にうまくいかなくても、ここまでは大丈夫という担保があればリスクを取りにいきやすくなります。

3.5.4 何をどのように行うのか

ここでは目的達成のための具体的な研究項目（研究計画の大見出しにあたる内容）を書きます。ここについては書けている人が多く、特に説明がいらないかもしれませんが「何を」は研究対象、「どのように」は手法・技法・アプローチを指します。具体的な研究手法などはここでは書きません。

問題点の指摘、目的、具体的に何をするのか、は極めて近い関係にありますが、繰り返しにならないようにそれぞれを明確に区別する必要があります。たしかに、「問題を解決すること」は研究の目的にもなり得ますし、具体的に何を明らかにするかにもなり得ます。しかし、これを許してしまうと

> これまで、XXX がんの早期診断方法がなかった（問題点）。そこで本研究では XXX がんの早期診断方法を確立することを目的とする（目的）。具体的には XXX がんを調べ早期診断方法について検討する（何をどのように行うのか）。

となってしまい、同じことを繰り返し述べているだけになってしまいます。問題点の指摘、目的、具体的に何をするのかは具体性のレベルもしくは扱う課題の大きさという点で明確に異なっています。下図で何を書くかのイメージをつかんでください。

3.4A1	何が問題なのか 未解決問題・提案する価値	
3.5.1	研究のアイデア	
3.5.3	具体的に何を明らかにするのか 研究項目 1, 2 …	
3.5.4	何をどのように行うのか 研究計画 1.1, 1.2 … 2.1 …	

3.5.5　どうなれば解決できたと言えるのか

研究の究極のゴールは、未解決問題の解決や新たな価値の創造です。しかし、それらは一朝一夕では到達できないからこそ、未だに価値のある問題として残っています。すなわち「申請者にとっての研究の究極のゴールはまだ遥か先である」というのが大前提です。

そこで、あなたはそれらの問題を分割し、その一部を今回の研究課題として提案します。この研究だけでは究極のゴールには到達できませんが、重要な一歩となるでしょう。問題は、この分割した小さな研究において、どうなれば「研究がうまくいった」あるいは「この研究は成功した」と言えるのかという点です。

まず、認識すべきことは、あなたが自分の研究の短期的なゴールラインを設定する必要があるということです。審査員はあなたの研究を詳しく知りませんし、多くの場合は分野外なので興味すらありません。審査員のできることは、今回の研究計画で設定したゴールにたどり着けそうか、設定したゴールがどれくらい科学的価値を持つのか、などゴールラインに対しての妥当性の評価くらいです。ですので、申請者は、何をするかだけでなくどういう結果を想定しているのかについて書かないといけません。科研費で言うところの「どこまで」にあたります。

3.5 解決のアイデア・研究目的・研究計画

> **テクニック！** 強調するところを間違えない

これまでの研究成果を示すときには以下の4つについて言及する必要があります。
(1) 何を目的にして研究したのか、(2) どのような方法で何をし、(3) どのような結果だったか、(4) その結果、何が明らかになったのか

これは、研究計画の各項目の内容を説明するときも同様です。
(1) 何を目的にして研究するのか、(2) どのような方法で何をするのか、(4) どこまで明らかにするのか

- (1) AAA を明らかにするため、(2) BBB によって CCC を計測し、(3) DDD という結果を得た。このことは、(4) EEE が FFF であることを示すものであった。
- (2) AAA により BBB を計測し (4) CCC を明らかにすることで、(1) DDD における EEE の役割を明らかにする。

このときに、「(2) どのような方法で何をしたのか」、「(3) どのような結果だったか」のみを書く方がいますが、これでは十分に伝わりません。分野外の審査員にとっては、その方法が妥当なのかや、その結果は何を意味するのか、について必ずしもよく知っているわけではありません。これらはもちろん最低限は書かないといけませんが、むしろ「(1) 何を目的にして研究したのか」や「(4) その結果、何が明らかになったのか」を書いたほうが、審査員があなたの研究をより理解しやすくなります。また、(2) や (3) をどんなに詳しく説明したところで、分野外の審査員にとっては馴染みがない内容ですので、申請書の内容を大まかに理解し評価する助けにはなりません。忙しい分野外の審査員に研究内容の細かいところまで理解してもらおうとしても、それは無駄な努力です。どうせ細かいところは伝わらないのであれば、せめて (1) 何を目的に研究し、(4) その結果、何が明らかになったのか、だけでも理解してもらったほうが、申請書の評価につながります。

> **テクニック！** うまくいかない場合も想定する

「まだ研究も始まっていないのに、どこにゴールを設定するかなんて決められない」という声はよく聞きます。研究とは予定通りにいかないものであり、当初の計画通りに進むことのほうが珍しいことは誰もが知っています。ですので、ここで設定するゴールはあくまでも現時点で最も妥当だと思われるもの、という程度の意味です。

しかし、このゴールが確定的でない以上、申請者はうまくいかない場合（予想通りでない場合）についても考えておく必要があります。3年とか5年の研究計画で、初年度から予想通りでなかったため、以降の年にすることがなくなった、とならないようにしないといけません。あまり詳しくは書く必要はありませんが、うまくいかない場合の対応についても一言でも書いてあると、研究計画に厚みが出てきます。

- 仮に AAA がうまくいかない場合は、BBB や CCC についても検討する……
- AAA の理由によって BBB が示せない場合でも、CCC については結論がでるため、これを利用して DDD を行う。
- AAA のサンプルが予定通り集まらない場合に備えて、BBB についてもサンプル収集を行っておく。仮にサンプルが余れば、これらについては CCC に利用する。

Column　仮説の生成と仮説の証明

Hypothesis making（仮説の生成）と Hypothesis proving（仮説の証明）の研究ステージは明確に区別しましょう。生命科学分野だとスクリーニングや大規模解析などをとりあえずやってみて、そこから仮説を作る過程が Hypothesis making です。無事に仮説が作れたら、次はそれを証明する過程、すなわち Hypothesis proving の研究に移ります。そして、見事、仮説が証明されたら論文としてまとめることになります。

しかし、Hypothesis making の研究は、何が出てくるかわからない（下手したら何も出てこない）というリスクと隣合わせですので、申請書に書く内容としてはあまり相性が良くありません。他の研究の一部として Hypothesis making な研究をすることは構いませんが、これがメインのテーマに据えられることはあり得ません。かなり暴論ですが、

予備データがあり、あとひと押しで成果になりそうな Hypothesis proving な研究が高く評価されます。

「そんなことを言っても、じゃあどうやって仮説を作ったり、予備データを取ったりすればいいんだ！　研究費が必要じゃないか！」ということになるのですが、それは他の研究の合間に予備実験を進めるか、既存のアイデアや報告を組み合わせてみるしかありません。

Column　事前仮説を持つ

　事前仮説＝思い込み＝捏造の温床　という構図があるのか、まずは事前仮説なしで観察してみよう・データを取ってみようという Hypothesis making な研究計画を立てる方を多く見かけます。しかし、どんなデータを取るのか、どういった点に着目するのか、そのためにはどういうデータの取り方が良いのか、などには研究者の事前仮説が入り込んでいます。どんな研究も何かに注目する以上、仮説があります。まずはそのことをよく心に刻み、データ駆動型 vs 仮説駆動型といった対立構造に囚われないようにしないといけません。

　申請書を書き始める前にも、どういう結果だったら自分は嬉しいのか、どうなったらこの研究がうまくいったと言えるのかについて、事前に考えておく必要があります。この作業が中途半端なままだと、頑張ってデータを取った割には何も主張できなかった、使い所のないデータだったということになりかねません。

　最も簡単なのは、「この結果が予想通りに出たとして、それで本当に言いたいことを主張できるだろうか？」あるいは「予想通りの結果が出なかったときに、この仮説を否定することにつながるだろうか？」を考えることです。

3.5.6　研究を実行できると考える根拠

　あなたの研究計画がいくら優れていても、研究を行うために必要な機材や資料・材料・環境・人的リソース・技術・時間などがなければ、研究を計画通り実施することは困難です。もちろん「今回、採択されれば、十分やれます」と答える一択であり、微妙なことは書いてはいけません。

　書くことのできる内容のうち代表的なものは以下の通りです。

機材・資料・施設

- 最低限必要なもの（機材・研究材料など）は揃っている。
- AAA 以外は揃っているので、AAA を今回の研究費で購入することで実行可能。

全部あると書いてしまうと、今回の研究費で追加購入する必然性がなくなってしまいます。

- AAA は古いので更新が必要（規模を拡大するために BBB の追加購入が必要）だが、他は揃っているので実行可能。
- 研究スペース、電源、共通機器などを含めた基本的な研究環境が整っている。

研究環境・時間・エフォート

- 研究に専念する時間を確保でき（てい）る。
- 独立して研究を遂行することが可能。（若手、学振PDなど）
- 十分なエフォートを割いている。（プロジェクト雇用の場合など）

人的リソース

- 共同研究者と密に連絡を取り合っており、研究の手はずは整っている。
- すでに共同研究を開始している。
- 過去に共同研究を行っており、AAAという成果を出している。（だから今回も大丈夫。）
- 派遣先は指導教員（申請者）と旧知の仲である。（海外学振など）
- 周囲（研究室内、研究所内）に多様なバックグラウンドを持った研究者がおり、さまざまな視点からのフィードバックを得やすい／共同研究が容易である。（海外学振など）

技術・材料・知見・実績

- 申請者（共同研究者）しかできない技術あるいは申請者しか持っていない材料や知見を利用できる、などの優位性がある。
- 今回の実験に必要な手技はこれまでの研究などで身につけている。
- 申請者らは長年携わってきたので、扱いに慣れている（ノウハウが蓄積している）ので、本研究もスムーズに進められる。
- すでに予備データがある／基本的なデータは収集済みである。
- これまでに、AAAやBBBという実績がある。本研究もCCCであることから、十分に実行可能である。

3.6 何がわかるのか

3.6.1 どういう立場から何をどうするのか

「まとめ」なので、内容的にはこれまでのものと同じになりますが、同じ表現を繰り返してはいけません。ここでは、これまでに書いてきたものよりも、もう少し広い視点から見たときの、この研究の位置づけを問われています。

だいたい以下のような内容を書けば良いのですが、雰囲気をつかめるでしょうか？

何を明らかにするのか
・今ある問題点のうちの、どれについて解決するものなのか
・何に挑戦するものなのか
・どういうコンセプトで行うのか

どういう立場から
・これまでの研究に対して賛成なのか、反対なのか
・これまでの研究を見直すのか、深化させるのか
・これまでの研究から別れるのか、研究を統合するのか
・新たな価値を提供するのか、既存の価値を高めるのか

具体的に何をどうするかについて事細かに説明するのではなく、学問分野全体を俯瞰して見たときに、この研究はどういう役割を持つものであるのか・どういう立ち位置でなされるものであるのか、ということを書きます。

これまでの学問の潮流を見直すことにつながる・新たな潮流を生み出す

・この研究により AAA が BBB であることが示されれば、現在主流となっている CCC という説は本格的に見直す必要がある。
・申請者はこれまでと全く異なる原理で AAA をすることを可能にした。本方法は現在課題となっている BBB や CCC といった問題点を克服するものであることから、今後、こうした方法が主流となると期待される。
・本研究は AAA による BBB の理解という側面だけでなく、BBB を CCC から捉え直すという側面も併せ持っている。

これまでの学問の潮流をさらに推し進める、これまでより便利になる

- 本研究はこれまで課題であった AAA における BBB の解決を目指すものである。
- 本研究では AAA の精度をさらに向上させることで、これまで理解が難しかった BBB を明らかにする。
- 最近の技術革新によって AAA の BBB が可能になってきた。本研究は CCC という特徴をもつから、BBB による DDD 解明の良いモデルケースであると位置づけられる。
- これにより、AAA を可能とし、BBB の手助けとすることを目指す。

異なる学問分野を統合する、異なる見方・アプローチを取り入れる

- これまで AAA は BBB という観点からの解析が主であった。本研究は CCC の観点から DDD を解析することで、AAA を別の切り口から捉え、EEE の本質に迫る。
- 本研究は、XXX における YYY を理解する試みであると同時に、これまでの AAA に関する知見を統合し、より上位の BBB レベルから CCC を理解しようとする挑戦でもある。
- 本研究で用いる AAA はこれまで BBB の分野で主に用いられてきた手法であるが、本研究は、こうした方法が CCC 分野にも適用可能であることを示す好例である。
- 本研究で明らかにする AAA と共同研究者による BBB を統合することで、CCC を明らかにする。

3.6.2 他の分野にどのような影響を与えるのか

　研究の1番の目的は、自分の研究分野の未解決問題を解くことや新たな価値の創造を目指すことなのですが、その結果はおそらく他の研究にも波及するはずです。こうした波及効果が大きい研究は学問全体を前進させるという意味において価値があるとみなされ、高く評価されます。

　(3.5.3) 具体的に何を明らかにするのかで示したこと以外にどのような影響があるのかを説明するようにします。この辺は混同されがちですが、明確に区別すべきです。

今回の研究で開発する技術・手法は他の分野にも適用可能である

　今までになされていないことをするわけですから、何かしらの新しいアイデアや技術があるはずです。そうした考え方や手法は他の分野でも利用できないでしょうか？　この場合、あまり遠い分野を指摘しても現実的ではありませんので、言いすぎないようにします。

- 本研究で開発する AAA は BBB という特徴を持つことから、CCC や DDD にも適用が可能である。これを利用することで、EEE の理解がさらに深まることが期待される。
- 本研究のアプローチは AAA や BBB にも利用可能であり……
- AAA を BBB という側面から捉え直すことが可能となれば、同様に CCC や DDD といった側面からの解析も可能となると期待される。

今回の研究で得たデータや作ったデータベースは他の分野にも活用できる

　研究を進める中で大規模にデータを集めたり、データベースを作ったりすることもあるでしょう。そうしたものは自分の研究そのものや自分の分野の研究を支援するために行うのですが、それらは他の分野の人にとっても有用かもしれません。また、それ単体では価値がなくても、別のものと組み合わせることで価値が生まれることもあります。たとえば、行動データと購買データを結びつけることで、新たなマーケティングが可能になる、などは良い例です。

- 本研究で得た大規模な遺伝子発現データは、AAA や BBB のための基礎データとしても有用であり、実際にこのデータベースを用いた共同研究も開始している。
- 本研究では AAA における BBB を網羅的に収集し CCC ごとに分類・整理することから、申請者が着目する DDD 以外にも、EEE や FFF といった研究が想定され、本研究分野の進展に大きなインパクトを与えると期待される。
- 本研究では、同一条件で網羅的に AAA の条件検討を行うことから、これらの成否データは今後、機械学習による AAA 予測における良いデータセットとしても活用可能である。

議論が割れている問題に決着をつけた

　長年のあいだ議論が戦わされてきた問題に決着をつけることができれば、自分の分野だけにとどまらず多くの分野に影響を与えることになります。特に、長年ということがミソで、それはこれが重要な問題であること、多くの人が関わっており潜在的に興味を持たれやすいことが担保されているのは大きなメリットです。

- これまで AAA は BBB と CCC の 2 通りの解釈があり、それを巡ってさまざまな研究がなされてきた［文献］。本研究は、DDD からこの問題に取り組み、おそらく BBB が正しいことを世界で初めて実証した。BBB ではない根拠とされてきた EEE によってうまく説明がつくことから……

今回の研究で示す新たな技術・コンセプトは、今後の研究に大きな影響を与える

学問は時として非連続的に発展します。すなわち、これまでなかったもの・できなかったこと・全く新しい考え方によって、既存の研究に大幅な見直しを迫ったり、全く新しい方向性が有望であることが示されたりします[*8]。

- 本研究は AAA による BBB という全く新しい方法で CCC の実現を目指すものである。すでに DDD は示されており、これまで問題となっていた EEE も解決されているため、これにより FFF の精度を飛躍的に高めることが期待される。
- AAA によって BBB を制御するというアイデアは、全く新しい原理による BBB 制御アプローチであることから、現在主流となっている CCC や DDD に加えて、新たな選択肢を提供できると期待される。
- この AAA 理論は、BBB と比べてより現実を反映していると考えられることから……

ポイント！　「他の研究にも利用可能である」の幅は広い

他の研究は同分野の他の研究という場合もあるでしょうし、もう少し広く生物学分野の他の研究、あるいはもっと広く理学分野の他の研究の場合もあり得るでしょうし、産業分野や医療分野といった応用分野もあり得ます。どこを想定しても良いですが、なるべく多くの人にポジティブな影響を与えるものである、と書くことが重要です。

第4章

どう書くのか

　基本的な骨格ができれば、肉付け（見せ方）を検討するときです。同じ内容であっても伝え方によって印象は大きく異なります。どんなに凄いことを考えていても、審査員に伝わらなければ意味がありませんし、審査員も人間ですので内容以外のさまざまな要素によっても評価は影響を受けてしまいます。どうせ時間を使って、申請書を書くのですから最大限の効果を狙いましょう。

　ある意味、小手先のテクニックなのですが決して馬鹿にしてはいけません。内容が良ければ評価されるという幻想は捨てましょう。私の経験上、できる人ほど伝え方にも最大限の配慮を払っています。

4.1　どう書けば読み手に伝わるのか......................................52
4.2　読みやすく ―正しい日本語で審査員のストレスをなくす― 53
4.3　わかりやすく ―論理的かつ説得力を持って説明する― 64
4.4　美しく ―細部にまでこだわり、無意識に働きかける― 76
4.5　推敲や見直しでより良い申請書にする........................90

4.1 どう書けば読み手に伝わるのか

　ここからはより具体的な申請書作成技術について説明していきます。(4.2)読みやすくでは文章自体の読みやすさ、主に日本語の作文技術について取り上げます。(4.3)わかりやすくでは論理的な文章を書くために必要な考え方について説明します。(4.4)美しくでは、審査員にストレスなく文章を読んでもらい、好印象を持ってもらうための工夫について紹介します。ただし(4.2)読みやすく、(4.3)わかりやすくについては類書も多いので、特に気になる点だけを挙げることにします。

　これら全てに共通することは、審査員にストレスを与えないという一点に尽きます。どうしても読みたいという強いモチベーションでもない限り、理解しにくい申請書に興味を持ち続けることは困難です。読みやすく・わかりやすく・美しい申請書によって、初めてまじめに評価してもらう土俵に立つことができます。

読み手の心の動きを理解し、利用する

　人間の心理がいかにバイアスによって影響されやすいかについては多くの研究がなされています。申請書に嘘を書いて、それを信じさせることはもちろん許されませんが、真実を書いてそれを本当だと思ってもらいやすくする行為に恥じるところはありません。心理学的なアプローチを持ち込むことで、申請書の読みやすさ・わかりやすさを極限まで追い求めることは、最善を尽くすという意味で面白い試みだと思います。

　たとえば、コピーライティングのうまさの違いで商品の売上は大きく変化します。内容はほとんど変わっていないにもかかわらずです。「申請書の書き方を工夫しても採択率は変化しない」と考える理由はどこにもありません。

コップに水が
　半分も入っている
　半分入っている
　半分しか入っていない

　申請書の読みやすさ、わかりやすさ、美しさ、は全て研究の価値そのものとは直接は関係しません。しかし、実際には読みやすい申請書には高評価がつきますし、わかりやすい申請書の内容は本当だと感じやすくなります。美しいものに対する高い評価はご存知の通りです。研究計画を十分に練り、申請書の構成を熟考し、予備データなどの傍証も得ているのであれば、次は「伝える」ために全力を尽くすべきなのです。

4.2 読みやすく
―正しい日本語で審査員のストレスをなくす―

　読みにくく、理解しにくい文章は読み手に計り知れないストレスをもたらします。どんなに内容が簡単であっても、読みにくいというだけで読む気（ひいては高評価を与える気）が失われます。ここでは、代表的なものに絞ってポイントを紹介します。

4.2.1　英語・カタカナ語・漢語・略語・造語を乱用しない

　日本語の文章に、英語・カタカナ語・漢語・略語・造語を使いすぎると非常に読みにくいだけでなく、場合によっては知性が低いと思われてしまいます。適切な日本語がある場合はそれを利用し、また実際の用例がない、または非常に少ない言葉は使用しないようにしましょう。添削をしていると、特に医学系の方は専門用語を連呼する傾向にあるので、注意が必要です。漢字・かな比（紙面の黒さ）を見ながら、調節してください。

> ・本研究は、包括的核実験禁止条約の批准国の対米貿易赤字の長期的推移を……

漢字がこうも連続すると読みにくいですね。ひらがなが区切りになっているのが救いですが、このひらがなもなくなると完全にどこで区切って良いのかわからなくなります。

> ・インデューシブ・プロモーターでドライブしたトランスジーンの……

カタカナ語の連発が良くないことはわかりやすいせいか、実際にはほとんどこうした例はありませんが、注意はしておいてください。

> ・OBOR（one belt one road）に関わる国々の fiscal soundness を long-term debt-to-GDP ratio を smoothing moving average から validate する……

適切な日本語訳があればそれを使用し、どうしても訳せないものも本当にその言葉を使う必要があるかを再度検討しないと、単なる意識高い系（しかし中身はない）というような感じになってしまいます。英語と日本語のちゃんぽんは読みにくくなります。

　この手の書き方をする方のほとんどは単に無頓着なだけだと思います。中には、賢そうに見せたいという動機の人もいるかもしれません。いずれにしても、読み手が理解できる

かどうか、あるいは伝えたいことがしっかり伝わるかどうかが重要視されていない点は問題です。申請書は内容を伝えてなんぼの世界です。あと、こうした書き方をするとむしろ知性が低いと受け取られるという研究もあったはずです。

4.2.2　1文が長すぎない、短すぎない

長すぎる文章はそれだけで読みづらくなります。さらに、文章が長いと修飾語と被修飾語の係り受けの関係が理解しにくく、書いている本人でさえ誤ってしまう場合があります。

- 普通は40字前後・60字以内が目標。100字を超えてくると長く感じる
- 読点「、」を句点「。」に変えてみる、接続詞の前でいったん切る
- 大原則は1つの文章に1つのことを書く

長い文章を防ぐには自分で読み直すのが1番です。しばらく原稿を放置してから黙読しましょう。その際には、単に字を追うのではなく、意味を取ろうと理解しながら読むようにします。一度で理解できず、もう一度読み直すようなことがあれば、それは潜在的にわかりにくい箇所のサインです。文章の長さを含め見直すことをおすすめします。

また、短い文章の連続も単調になりがちですので、注意が必要です。先の場合と同様にしばらく置いてから読んでみて、箇条書きっぽいな、拙いな、幼稚な文章だなと思ったら、文章が短すぎのサインです。内容が近いものは1文にまとめることを考えてください。

- AAAの奏効割合は2次化学療法で20％、バイオマーカーと考えられているBBBでも40％程度であり、また、薬剤が高価であることから治療対象者の最適化により医療費を削減することが喫緊の課題である。

→ AAAの薬剤は高価であるにもかかわらず、その奏効割合は2次化学療法で20％程度、バイオマーカーと考えられているBBBでも40％程度である。そのため、治療対象者の最適化によって医療費を削減することが喫緊の課題となっている。

- 本研究はAAAの効果の計測を目的とする。BBBを対象にしてCCCを実施する。ただし、DDDは除く。その評価方法はEEEである。

→ 本研究はDDDの評価を通じてAAAの効果を計測することを目的とする。BBBを対象にしてCCCを実施するが、DDDは除く。

- 近年、AAA がんにおいて、BBB 療法は CCC 療法に対して優越性を示し、限られた患者集団だが長期予後に寄与することで標準治療となっている。

→ AAA がんの限られた患者集団に対しては、BBB 療法は CCC 療法に対して優越性を示し、長期予後に寄与する。そのため、近年、BBB 療法は AAA がんの標準治療となっている。

4.2.3　括弧による強調や補足を多用しない

　カギ括弧「　」は、通常、会話の文や他の文章からの引用に用いられますが、ある1つの考え、観念をはっきり浮き立たせて書くのに使うこともあります。また、丸括弧（　）は以下のように補足説明として用います。

- 受身の文では「誰がそれをしたのか」、「誰がそう考えるのか」がぼけてしまう。
- イールドカーブのフラット化（長短金利差がなくなること）をもたらし、……

このように、括弧は非常に便利であるがゆえに、多用する方が時々います。しかし、括弧による強調とは、文章を読む際の視線の流れを意図的に途切れさせることで、そこに視線を持っていくという操作です。すなわち、強調を多用するとその都度、文章の流れが断ち切られてしまい、読みにくくなってしまいますので、使いすぎは禁物です。せいぜい1ページに数回までです。

　二重カギ括弧は、書名を引用するときに『寺田寅彦随筆集』のように使います。また、カギ括弧の中に、さらにカギ括弧を入れたいとき、後者を二重カギ括弧にします。しかし、これも二重カギ括弧は目立ちすぎるので、多用しないほうが良いでしょう。

AAA が「科学者としての『心』が大切だ」と言っているように、……

　また、シングルクォーテーション ' ' や、ダブルクオーテーション " " を強調として使う方も見られます。オシャレに見えるからでしょうが、欧文のための引用符をわざわざ和文で使う理由はありません。対応する日本語があるときはそれを用いるのが原則です。
　いずれの場合にしても、そもそも、それは本当に強調すべきことなのか、についてまずは考え直しましょう。

4.2.4　修飾の順序、句読点の打ち方

黒い目のかわいい女の子
→ 黒い目の　かわいい女の子
→ 黒い　目のかわいい女の子

　上記文章はどこで切るかでさまざまな解釈が可能です。このように修飾語の順序によっては誤読があり得ますので、なるべく誤読を減らすような語順にする必要があります。この場合だと、「目の黒いかわいい女の子」とすれば、混乱なく読めます。

　また句読点（特に読点）についても論理的でわかりやすい文章を書くうえで非常に重要になります。下の最初の例では変な位置に読点を打ったせいで読みにくくなり、2番目の例では読点の位置で内容が変わってしまいます。

- ・AAA を用いて BBB と、CCC を解析する。
- → AAA を用いて、BBB と CCC を解析する。

- ・この研究では最先端の方法を用いて計測されたデータを解析する。
- → この研究では、最先端の方法を用いて計測されたデータを解析する。
- → この研究では最先端の方法を用いて、計測されたデータを解析する。

　細かなルールについては、多くの書籍で解説があるのでここでは省略します。特に、本多勝一『日本語の作文技術』に詳しく書かれていますので、一読をおすすめします。

　実際に申請書を添削すると、読点が少なすぎてわかりにくくなるケースよりは、読点が多すぎてわかりにくくなるケースのほうが圧倒的によく見られます。そうした方の多くは息継ぎのタイミングで読点を打つので、

- ・本研究は、AAA における、BBB に対する CCC の影響を、解明することを、目的とする。

のように文章がぶつ切れになるため、リズムが悪くなり、読解に苦労します。

4.2.5　省略可能な言葉・文字がないか気をつける

　特に推敲せず思いのままに書くと余計な言葉が入り込みます。話し言葉ではあまり気になりませんが、書き言葉となると、文章の流れを悪くし、スペースを圧迫し、意味をあいまいにするなど、良いことがありません。怪しそうな言葉は抜いてみて意味が変わるかどうかをチェックすることが重要です。

接尾辞「−性」「−化」「−的」は漢字の連続という点でも、文章の明快さという意味でも注意

- 本研究は、スマホの利用時間と学業成績の関係性を明らかにする。
- → 本研究は、スマホの利用時間と学業成績の関係を明らかにする。

- AAA における代謝と疾患の関係性を明らかとすることを目的として……
- → AAA において代謝異常が疾患のリスク因子であることを確かめるため……

　「−性」を取ったところで意味はほとんど変わりません[*9]。むしろ、余計な「−性」を入れることで意味があいまいになってしまっています。また、漢字の連続も読みにくさを助長します。さらに2番目の例では「XXX と YYY の関係性」という表現が具体的に何を指しているのかがよくわからない（具体的でない）という点においても問題があります。「関係性」はかなりの人が使っていますが、本当にその接尾辞が必要かもう一度考えてみてください。

「〜について〜する。」

- そこで本研究では、高校生におけるスマホの利用実態について調査を行う。
- → そこで本研究では、高校生におけるスマホの利用実態を調査する。

「〜するもの」「〜すること」

- 本研究は、AAA の病態を解明することで QOL を改善することを目的とする。
- → 本研究は AAA の病態解明を通じた QOL の改善を目的とする。

第4章　どう書くのか

- 本研究は AAA の BBB について CCC から明らかにするものである。

→ 本研究は AAA の BBB について CCC から明らかにする。
→ 本研究では AAA の BBB について CCC からの解明を目指す。

4.2.6　書き言葉と話し言葉の違いを意識する。稚拙な表現を控える

通常の会話では気にならない表現であっても、申請書にそのまま書いてしまうとバカっぽく感じられたり、説得力に欠けたり、素人感が出たりと良いことがありません。ちょっとした心がけで簡単に直せるので気をつけましょう。

疑問文

- XXX とはなんだろうか？　それは、……
- ～は大きく遅れている。なぜ遅れているのだろうか？　それは、……

こうした余計な煽りは不要です。淡々と事実を並べていくことで凄みを出してください。

同一の語尾の繰り返しを避ける

- 本研究では AAA を行います。次に BBB に挑戦します。ここから、CCC を解明します。
- AAA は BBB である。そのため、CCC が必要である。そこで本研究の目的は DDD することである。

もっと具体的な文章例だとこんな感じです。

- 電気推進機は推進剤をプラズマ化し、イオンを電気的に加速・排出してその反作用として推力を得るものである。中でもホールスラスタは推力密度および推進効率が高いため世界各国で開発が盛んである。電気推進は化学推進と比べて全電化衛星の輸送費用を 10 億円ほど削減することが可能である。

→ 推進剤をプラズマ化し、イオンを電気的に加速・排出してその反作用として推力を得るものを電気推進機と呼ぶ。中でもホールスラスタは推力密度および推進効率が高いため世界中で開発が進められており、化学推進と比べて全電化衛星の輸送費用を 10 億円ほど削減できると試算されている。

同じ語尾が3回以上続く場合、文章がまずいので見直しましょう。よくあるパターンとしては短文をつなぎすぎている場合が該当します。また文中であっても同じ語が繰り返されると読みにくい場合があります。

> ・薬剤が高価であるため医療費を削減するために……

口語的表現

・思ったよりも／意外と	→ 想定されていた以上に
・やる／していく	→ 行う／する
AAAの研究をやる	AAAの研究を行う
どう変化していくか調べる	どう変化するか調べる
・きている	
AI研究が盛んになってきている	→ AI研究が盛んになっている（盛んである）
・なので、／だから、	→ そこで、／こうした理由で（から）、
・すごい／すごく	→ 非常に／大変／極めて
・～という方法	
・ら抜き言葉	

テクニック！ ら抜き言葉の見分け方

動詞をLet's …の形（人を誘う形）にしたときに「～よう」とつくものは、可能を意味するときに「ら」が入ります。簡単ですね。他にも命令形にして判断するバージョンもあるようですね。

　見　る　→　見よう　→　見られる　→　見れる（ら抜き言葉）
　着　る　→　着よう　→　着られる　→　着れる（ら抜き言葉）
　食べる　→　食べよう　→　食べられる　→　食べれる（ら抜き言葉）
　乗　る　→　乗ろう　→　乗れる
　言　う　→　言おう　→　言える
　書　く　→　書こう　→　書ける

4.2.7　適切な漢字・ひらがなを使用する

文書のキーワードとなる名詞を中心に漢字で書き、その他の補助的な用語はひらがなにすることが基本ルールです。しかし、前後のつながりから、ひらがなばかり続くと誤解さ

れやすい場合にはあえて漢字に切り替えることも許されます。漢字があっても読みやすさを考慮して、ひらがなで書いたほうが良い場合があります。文章全体での統一は必須です。

代名詞
われ（我）、われわれ（我々）、あなた（貴方）、だれ（誰）、これ、どこ、そこ
漢字で良いもの：私、君、彼、彼女、自分、何

連体詞
ある（或る）、この、その（其の）、わが（我が）

接続詞
あるいは（或いは）、かつ（且つ）、しかし（然し）、ただし（但し）、なお（尚）、ならびに（並びに）、また（又）、または（又は）、および（及び）

助詞
ぐらい（位）、こと（事）、ところ（所・処）、など（等）、まで（迄）

助動詞・補助用言
ようだ・ようです（様）、…という（言）、…である（有）、…でない（無）、…してあげる（上）、…していく（行）、…してくる・なってくる（来）、…にすぎない（過）、…になる（成）、…かもしれない（知）、…してみる・…とみられる（見）、…にあたって（当）

形式名詞
こと（事）、とき（時）、ところ（所）、うち（内）、もの（物・者）、わけ（訳）、ため（為）

副詞
あらかじめ（予め）、いつか（何時か）、おおむね（概ね）、さらに（更に）、すでに（既に）、ぜひ（是非）、どこか（何処か）、なぜ（何故）、ほとんど（殆ど）、ますます（益々）

接頭辞・接尾辞
お菓子、ご結婚、○○ら（等）、○○たち（達）、２年ぶり

> **ポイント！** ▶ ひらがなの連続はやっかい。漢字の連続もやっかい

> ・これまでこうした研究はほとんど報告されていない。
> ・この先生きのこるには……

　最初の例では、ひらがなの「は」と「ほ」は字形が似ているため、若干の読みづらさが発生しています。(1) 語順を変える、(2) 別の表現を模索する、(3) 諦める、の 3 つくらいの選択肢が考えられます。可能であれば、(1) や (2) を模索すべきですが、1 番目のケースに関していえば私は諦めています。

　2 番目の例では、「この先生　きのこ　るには」と読めてしまいます。これは「先生」や「きのこ」という馴染みのある語が連続しているために無意識的にそのように区切ってしまうからです。このケースでは読点をいれ、漢字を使い「この先、生き残るには……」とするのが直接的な改善例ですし、「今後、この業界で残っていくには……」というように言い換えてしまえば、そもそも問題になりません。また、行末の持つ弱い区切り効果を利用する手もあります。(4.4.3) 文字位置の微調整を参照。

Column　公用文書独特の表現

　法律関係の文書や公用文書は「及び」「並びに」「又は」「若しくは」などは漢字で書きます。実際、科研費の注意書きも「及び」で統一されています。これは平成 22 年 11 月の内閣訓令第 1 号「公用文における漢字使用等について」に従った使い方です。

　しかし、私は「及び」は何か影響が及ぶときに使うべきであり、併記の意味では「A および B」と書いたほうがわかりやすいと考えており、本書では「および」で統一しています。

　日本語論を展開したいわけではありませんので、どちらを使ってもよいのですが、申請書全体にわたって統一した使い方をする必要があります。漢字・かな比や漢字を連続させないという原則から考えても、ひらがなのほうが据わりの良い場合が多いと思います。

4.2.8　比較・並列は表現を対応させる

・AAA による表現は BBB という特徴を持ち、CCC は DDD である。

→ AAA による表現は BBB という特徴を持ち、CCC による表現は DDD という特徴を持つ。

- これまでの AAA による測定は、BBB が不十分であったり CCC が乖離していると いった問題点があった。

→ これまでの AAA による測定は、BBB が不十分であったり CCC が乖離していたり、 といった問題点があった。

- 本研究は AAA を明らかにし、BBB の探索を目的とする。

→ 本研究は AAA を明らかにし、BBB を探索することを目的とする。

くどく感じることもありますが、比較や並列では表現を揃えるのが基本です。

4.2.9　日本語を正しく使う

よく新聞などで話題になる、「姑息な」を「卑怯な」という意味と勘違いしている、とかそういった次元の話ではありません。もっと単純なミスです。ほとんどの場合は丁寧に見直しをすれば気がつくレベルです。

- 永遠と〜する　　　→ 延々と〜する
- 〜を適応する　　　→ 〜を適用する
- 異同　　　　　　　→ 同異（「異なる点と同じ点」という意味で使う場合）
- 搾取　　　　　　　→ 採取

もし、見直しても気がつかない場合は語彙力の問題なので、普段から本を読むとか、こまめに辞書を引く程度しか解決策がありません。覚え間違いは恥ずかしいので、自信のない言葉はキチンと調べてから使いましょう。

4.2.10　無駄にへりくだらないこと、大げさでないこと

- AAA 研究室で BBB を研究させていただいている。

研究環境の説明などで、時々、このように書く方がいます。申請書には普通に「BBB の研究を行っている」と書けば十分です。

4.2 読みやすく―正しい日本語で審査員のストレスをなくす―

> ・共同研究者である AAA 教授の御協力の元、BBB における CCC を検証する。

実際に誰かに話すときなどは「御協力」でも良いかもしれませんが、ここは、「AAA 教授と共同で BBB における CCC を研究する」や「BBB における CCC について AAA 教授と共同研究を行う」で十分です。

　申請書において敬語を使う心理はわからなくもないですが、読んでいてくどい表現になりがちです。敬語表現を用いたからといって評価が上がるわけではありませんし、用いなかったからといって評価が下がるわけでもありません。普通で良いです。普通が良いです。

> ・この方法は、申請者の極めて独創的かつ柔軟で大胆な発想に基づいたものであり……

自分の研究を過度に重要であるかのように書く方もいます。こうした誇張表現も自分の内容を客観視できていないと思われるので得策ではありません。
　どんなに、「凄い」「新しい」「独創的だ」という言葉を並べても審査員には届きません。そう書くだけならば誰でも可能だからです。どこが、どういった点で、どのように凄いのかについての説明がなかったり、実際の内容と表現が乖離していたりすれば、客観的な文章とは言えません。

> ・しかし、大きな問題が残っている。AAA における BBB が存在していないのである。

自己礼賛以外にも劇画調の書き方も問題です。文章を書き慣れていない人ほど、「～なのである」といった大仰な表現を使う傾向にあります。こんなところでドラマティックにする必要ありません。もっと淡々と事実を書いて凄みを出してください。

4.3 わかりやすく
―論理的かつ説得力を持って説明する―

　日本語として正しい文章であっても、論理的でなかったり、説得力がなかったりすれば、審査員には評価されません。また、評価に不必要な情報を盛り込みすぎれば、その分だけ、肝心なことが伝わりにくくなります。「わかりやすさ」は「伝わりやすさ」です。

4.3.1　シンプルに伝える

　(3.3.1) 研究テーマを含む一般的な背景や (4.3.5) 言い切る、言い方を考えるもそうですが、申請書で伝える内容はデフォルメしたほうが伝わる場面が多くあります。「カラスは黒い」と言いたいときに、厳密に言えばアルビノ個体もいるので、「ほとんどのカラスは黒いが、稀に白いカラスもいる」となりますし、より厳密には「白と黒の2種類ではなく中間の灰色のものもいる」となり、なんとも歯切れが悪くなります。細部にこだわるあまり、結局のところ何を主張したいのかがよくわからなくなってしまっては本末転倒です。分野外の審査員が覚えられることは限られています。本当に理解してもらいたいことだけを伝え、些細なことはあえて説明せずに情報量をコントロールすることが重要です。

　このように、「すごく厳密に言うと必ずしもそうとは言い切れない」という場合でも、内容をデフォルメしてシンプルに書いたほうが理解してもらいやすくなります。もちろん、不都合な真実を隠せ、あるいは嘘を書けと言っているわけではありません。しかし、100%正確な記述があり得ない以上、長々と書いて審査員を混乱させる（読み飽きさせる）ことはデメリットのほうが多くなります。

- カラスは基本的には黒いが、白や灰色の個体もいる。　→ カラスは黒い。
- 地球は球体ではなく洋梨型であるが、その程度は極めて小さい。　→ 地球は丸い。

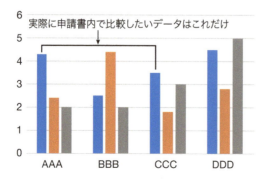

実際に申請書内で比較したいデータはこれだけ

さらに図表の示し方についても同様です。よく、論文で示すような図、あるいは論文で使った図そのものを申請書の図として使う人がいますが、明らかに情報過多です。

いずれにせよ限られたスペースで全てを説明することはできませんので、本当に重要な点は何かを強く意識しましょう。一度、「これ以上はシンプルに（簡単に）できない」と思えるところまで削り、そこから、削った要素のうち足したほうが良いものがないかを考えてみるのは１つの手です。思いつくままに書いた文章にはかなりの無駄があります。

大抵の事柄には良い面もあれば悪い面もあります。その両方を同じ重みで取り上げていては、結局のところ申請者はどう思っているのかが伝わりません。申請書において話を単純化するということは、自分の立ち位置を明確にすることにもつながります。

ただし、「実際にはそうでない例や、よくわからないことも多い」ことを十分に理解したうえで話を単純化する必要があります。過度な単純化は決めつけでありタブロイド思考に陥ります。これはもはや科学ではありません。

> ・物価が高騰しているのは企業が金儲けに奔走しているせいだ。
> ・努力をしてこなかった怠け者だから給与が低いのだ。

しかし、こうした例を知っているからこそ、私たちは単純化を恐れ、なるべく丁寧な議論をしようとして、長々と書いてしまう傾向にあります。しかし、「何を言っているかよくわからないけど、信じよう」とは絶対になりません。単純化は危険をはらんでいることを認識し、誤った結論にならないよう気をつけるのは当然ですが、伝わらない主張や立ち位置が見えない言説は全く審査員に響かないことを理解すべきでしょう。

4.3.2 専門用語はわかりやすく

読み手が同じバックグラウンドを持っていることが確定している場合は専門用語を用いることで複雑な概念を簡単に伝えることができます。しかし、誰が読むかわからない申請書の場合には、複雑・難解な用語の使用を避け、出てくる要素（因子名や人名など）の数を減らし、話を極力単純にしないと理解してもらえません。

もし、どれくらいまで背景説明をしなければいけないかが想像つかないようであれば、まずは自分が出そうとする区分を担当している審査員を把握しましょう。科研費の場合、２年の任期終了後に審査委員名簿を公開しています。

https://www.jsps.go.jp/j-grantsinaid/14_kouho/meibo.html

誰が現在の審査員かを予想するのは厳しいでしょうが、過去の審査員が具体的にわかればどれくらいの背景知識を持っているのかはだいたい推察できるでしょう。

第 4 章　どう書くのか

> **ポイント！** ▶ デルブリュックの教え
>
> 　専門用語はわかりやすく説明しなければなりません。常に以下のことを考えるべきです。
> - その専門用語はもっとわかりやすい別の言葉で表現できないだろうか？
> - 1回しか登場しない専門用語（略語表記）を使う必要性はあるのだろうか？
> - 略語にしてもあまり短くならない単語を略語表記する必要性はあるのか、わかりにくくなるだけではないか？
> - 専門用語を出さなければいけないほど、複雑な概念を説明する必要があるのだろうか？　嘘にならない範囲で内容を大胆にデフォルメしたほうが伝わるのではないだろうか？
>
> 　時々、難しい言葉や内容を書けば、申請書の価値が上がると考えている人たちに出会います。私自身も学生時代はそうした「小難しい議論をする私」に陶酔してみたり、「こんなこともわからないやつはアホ」と思ったり、「何言っているのか正直よくわからないけど、なんか凄そう」なものに憧れたりしたものです。今となっては、ほろ苦い経験です。
>
> 　その後、理解したのは、
> - 申請書は審査員に理解してもらってこそなんぼである
> - 理解できない審査員が悪いのではなく、読み手を理解（納得）させられない私が悪い
>
> ということでした。
>
> 　世の中のほとんどのことは、あなたが思っている以上にシンプルに表現できます。
> 　私たちはデルブリュックの教えを胸に刻みましょう。
>
> **1つ。聴衆は完全に無知であると思え。**
> **1つ。聴衆は高度な知性を持つと想定せよ。**
>
> 　審査員はあなたの研究分野について何も知らないかもしれませんが、説明されれば理解することが可能です。小難しいことを言って煙に巻こうという考え方は、当人が思っている以上にそうした考えが透けて見えるもので、むしろ知性の足りなさをアピールする結果になりがちです。科学をよく知らない人が相手であれば、「よくわからないけどなんか凄そう」と納得することもあるかもしれませんが、科学者相手だとそうはなりません。

4.3.3　抽象的でないこと（具体的であること）

シンプルに説明することは抽象的であることではありません。実際に何をするかが流動的であったとしても、申請書の上では具体的な計画に落とし込む必要があります。たとえば、以下のような例は、結局、何をどうするのかがわからないので良くありません。

> ・日本の科学政策に対する中国の XXX の影響を解析する。

対象が広すぎて結局のところ、何をどうするのかが全く伝わりません。他にも「A と B の関係を明らかにする」などもあいまいになりがちです。

> ・本研究は AAA を通じて、学術研究および創薬産業の発展に貢献する。

創薬分野であれば、全ての研究が多少なりともこの手の文章を書くことができます。具体的にどういった点で学術研究に貢献でき、どういった点で創薬産業に貢献できるかが求められています。そこをあいまいにしたままだと、このようなふわっとした主張になってしまい、スペースの無駄でしかありません。

> ・本研究の遂行に申請者は重要な貢献をした。

どの部分にどのような貢献をしたのか、その貢献はこの研究を完成させるうえでどのように重要だったのか、といったことが欠けています。1 つ前の例と同様、「重要な貢献をした」と書くだけなら誰でも書けます。

「なぜそう言えるのか」や「結局のところどうするのか」と自問自答してください。

> **テクニック！** 具体的には、……
>
> たとえば上記の例では
>
> > ・日本の科学政策に対する中国の XXX の影響を解析する。
> >
> > → 日本の科学政策に対する中国の XXX の影響を解析する。具体的には、AAA を BBB の側面から明らかにすると共に、CCC の DDD について解析する。
>
> のように「具体的には、……」が伴えば問題ありません。むしろ、こうした書き方

は申請書でよく使われます。というのも「AAA を BBB の側面から明らかにすると共に、CCC の DDD について解析する」だけだと、個々の実験が具体的すぎるあまりに全体が見通せないという逆の状況（具体的すぎる）に陥るからです。ですので、全体として何をするのか、と、具体的に何をするのかを組み合わせて書くことはとても有効です。

4.3.4 なぜこの研究を行うのか

書き慣れていない人ほど思考が浅いところで止まってしまっているのを感じます。

- なぜこの研究を行おうと考えたのか → 思いついたから
- なぜこの研究を行う必要があるのか → わかっていないから

これらは決して間違いではないのですが、審査員が知りたい内容ではありません。何かしらの新しいアイデアを思いつくことやわかっていないことをすることは、当然すぎることであるため、あえて説明する必要がないことです。審査員が書いてほしいことは、

- 無数にある未解決の問題の中で、なぜそれを選んだのか（選ぶ必要があるのか）
- いくつか考えられる解決方法の中で、なぜそれが良いと考えたのか

です。それらが不十分だと、説得力は生まれません。

これまで、AAA は明らかにされてきたが、BBB については検討されてこなかった。そこで本研究は CCC により、DDD を行う。

これは、多くの方が陥りがちな「わかっていないから、やる」というロジックです。しかし、世の中には未解決の問題が無数にあります。たとえば、下記の文章はどうでしょうか？

これまで、<u>鳥や昆虫の多くは空を飛ぶ</u>ことは明らかにされてきたが、<u>ニンジンが空を飛ぶ</u>かどうかについては検討されてこなかった。そこで本研究は<u>ニンジンを投げてより遠くに飛んだものを選抜・交配</u>することで、<u>空飛ぶニンジンのスクリーニング</u>を行う。

「ニンジンが空を飛ぶか」というどうでも良いような問題ですので、これまで誰も実験していなかったとします。そうすると、このロジックによれば、これも未解決問題ですのでやる価値があることになってしまいます。ポイントは、なぜこの問題を・今・あなたが、解決しないといけないのか、について答えることであり、前記文例にそれが示されていません。そして、提示する解決方法で本当に知りたいことに答えを出すことができるのか、についても審査員を納得させるような説明が必要です。

4.3.5　言い切る、言い方を考える

学問分野は細分化されていますので、審査員があなたの研究分野を完璧に理解していることはあり得ません。申請者自身の研究計画なのに、1番よく知っているはずの申請者が言い切らずにあいまいな表現を使うと、「これはまだよくわかっていないのかな」「あまり自信がないのかな」といった印象になり説得力に欠けます。

・〜の可能性が示唆されました。	→ 〜を明らかにした。
・〜であろう。〜でしょう。〜かもしれない。	→ 〜である。
・〜できれば〜できると期待される。	→ 〜することで〜を可能にする。
・〜と{感じる、思う、考える}。	→ 〜と期待できる。
・〜に応用できる可能性のある研究であると思われる。	→ 〜への応用が可能である。

言い切るためには根拠・証拠が必要ですので、自然と根拠がしっかりするというメリットがあります。逆に、言い切らないということはあいまいにしておくことですので、極端に言えば、あってもなくても大して変わらない文章ということになってしまいます。

また、誰がそう判断しているのかを匂わせることは、説得力やアピールという点で非常に重要です。たとえば、

- 今回の研究でXXXを明らかにした。
- 今回の研究でXXXが明らかにされた。

この2つの文章は事実としては同じですが、印象は全く異なります。上の例では「申請者が明らかにしたんだな」というのが伝わりますが、下の例では一般的な事実を述べているだけですので、必ずしも申請者が明らかにしたのかどうかがわかりません。当然、高く評価されるのは上の例です。ただし、過度に「私が、私が」というのは鬱陶しいものですので、限度はあります。似たような例として

- これらの結果から、リンゴは赤いことを示した。
- これらの結果から、リンゴは赤いことが示された。
- これらの結果から、リンゴは赤いことが示されている。

微妙な違いですが、申請者が行ったと読めるのは上の例、誰か申請者以外の人がやったとも読めるのが真ん中の例、一般的な事実である（と申請者が思っている）のは下の例ではないでしょうか。このように、同じ内容でもさまざまな選択肢が存在します。自分がやったことは自分がやったように、他人がしたことは他人がしたように、一般的事実はそのように書くことが重要です。また、「明らかにする」、「示唆される」、など確信レベルや動作対象が異なるさまざまな言葉が存在しますので、適切な言葉を選ぶ必要があります。

自分がやったと主張したいなら主語が一人称になるようにして自信たっぷりに言い切ることで、主張は強くなります。仮に申請者が見出したことであっても、すでに一般的事実であり議論の余地は少ないと主張したいのであれば、普遍的になるように主張するのも良いでしょう。しかし言いすぎは逆効果*10ですので、客観的に見てここまでは言っても良いだろう、というギリギリのところを狙ってください。

他にも、これからの研究計画や抱負などについても「〜したい」ではなく「〜する」と言い切ったほうが、申請者の意思の力が感じられる分だけ力強い主張になります。

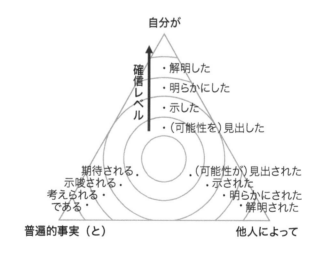

4.3.6 否定表現は肯定表現に変える

　同じ内容でもどう伝えるかは重要です。「コップに水が半分しかない」と言うか「コップに水が半分もある」と言うかで、読み手の印象は大きく変わってきます。これからの研究計画や予備データはなるべくポジティブな表現に、何が問題なのかの指摘はネガティブな表現にすることがポイントです。

- ・これまで AAA を検討してきたが、うまくいっていない。そこで BBB をやってみる。
- → これまでの検討から AAA である可能性は否定されたため、次に BBB を検討する。

- ・AAA について検討したが有意な差は見られなかった。
- → 申請者の予想通り、AAA には有意差が見られなかった。このことは、……

- ・AAA の制御は BBB に依存していないことが示された。
- → AAA の制御には BBB 以外の未知の仕組みがあることが見出された。

- ・この結果は、AAA ではないことを示すものであった。
- → 少なくとも、この実験条件では AAA であることは示せなかったものの、BBB や CCC を考慮すると DDD によりこの問題は解決できると期待される。

　何かが予想とは異なっていた場合は、(1) それは実は予想通りである、というように話を持っていけないか、ということを考えてみましょう。うまくすれば一気にポジティブなデータになります。それが無理な場合は、(2) 全面的にダメだったとするのではなく、ある部分ではたしかにうまくいっていないが、他の可能性がまだ残っている、あるいは、むしろそれ以外の可能性が高まった、というように話を持っていきます。

　こうしたテクニックはまだポジティブな結果の少ない若手研究者にとっては有効であることが多いと思います。どんな結果であっても何らかのポジティブな面があるはずですので、そこを強調しましょう。もし 100％ ネガティブな結果があるとすれば、それは、実験デザインなどの問題で何も主張できなかった場合でしょう。計画の不備で何も言えないことほど無駄な時間・努力はありません。

4.3.7 強調はほどほどに、意味を持たせる

太字、下線、網掛け、フォントの変更、フォントサイズの変更、色の変更、枠囲み、*斜体*、（括弧書き）など、さまざまな強調方法があります。これらを駆使して申請書を書く方がいますが、かえって逆効果です。強調しすぎると、

> （1）どれが本当に重要な強調なのか逆にわからなくなる
> （2）強調の種類ごとに何か意味があるのかと勘ぐってしまう

という2つの点でデメリットがあります。対処法は以下の通りです。

強調は1ページに数個まで

「過ぎたるは及ばざるが如し」という言葉を意識しましょう。強調はせいぜい1ページに2～3個までが限度です。あれもこれもと強調すると、結局、全部読まねばならないので強調の効果はなくなり、紙面がうるさいだけになってしまいます。1ページに10個も20個も強調箇所があって、「わー、読むべきところだけ強調してくれてありがたい」なんてことには絶対になりません。

強調を使い分ける、組み合わせない

この手の申請書を書いてくる方の中で最も多いのは**太字による強調と下線による強調の併用**です。さらに、ある箇所では**太字**で強調しているかと思うと別の箇所では下線で強調しています。読み手は、この使い分けには何か意味があるのかと必死に探しますが、何も見つからず、徒労に終わるのはがっくりきてしまいます。(4.4.1)揃えるでも書くように、強調の種類は1種類だけにしたほうが良いでしょう。

また、枠囲みと網掛け、網掛けと太字のように複数種の強調を組み合わせるのも個人的にはうるさいので好きではありません。目立った人が勝ちというゲームであれば、それでも良いですが、相手に読んでもらい、理解してもらい、評価してもらってなんぼの世界で、特定の単語や文章を過度に目立たせることで評価が上がるとは思えません。何事もやりすぎは禁物です。

唯一、見出しについてはフォントの変更＋太字＋その他（枠囲み、網掛けなど）は良いかと思いますが、それでもやりすぎは禁物です。

4.3 わかりやすく―論理的かつ説得力を持って説明する―

4.3.8 内容の連続性を意識する

　私が申請書の添削を行っている中で最も指摘することが多いものの1つが、内容の連続性です。これはケースバイケースですので、本書のようなハウツー本でも取り上げにくいですし、書いている本人の中ではロジックがつながっているので気づきにくく、なかなか修正が難しい問題です。よくあるのは次の2つです。

首尾一貫していない

> ・申請者らのこれまでの研究から AAA について大部分が明らかとなった。
> 　→ 本研究では AAA の CCC について研究する。

背景では AAA はほとんどわかっていると言っておきながら、実際の研究は AAA について行うというような例です。このような場合は以下のように一部はわかったけど一部についてはわかっていないと書くことです。

> ・AAA についてはかなりの部分が明らかになったものの、BBB についてはわかっていない。しかし、BBB の理解こそが CCC するための鍵である。
> 　→ だから本研究では BBB を研究する。

論理の飛躍・論理の構造が見えにくい

> ・AAA の活動の効果や必要性は認められつつあるが、いまだ法的・政策的な根拠がなく、普及には至っていない。この理由としては、活動の効果を定量的に計測できず評価が不十分であることが挙げられる。

効果を定量できない ⇒ 評価が不十分で根拠に乏しい ⇒ 法整備が遅れている、という理屈ですが、説明が飛んでいるので読み手は少し考えないと話についていけません。

> ・戦後、経済は急速に発展した。庶民の食生活はほとんど変化しなかった。

適切な接続詞がないために、最初の文と次の文の関係が不明瞭です。
　「しかし、庶民の～」：経済発展が一般的には食生活を変化させる、と考えている。
　「そのため、庶民の～」：経済発展のせいで食生活が変わらなかった、と考えている。
　「また、庶民の～」：経済発展と食生活の間には関係がない（低い）、と考えている。

補足説明を加え、適切なつなぎの言葉を入れて、なるべく丁寧にロジックを追います。

4.3.9　接続詞を適切に使う

文と文のつながりを明確にするためには接続詞は大変便利です。しかし、誤った使い方をするとうるさくなったり、わかりにくくなったりする原因となります。

多用しすぎない

- 本研究は AAA を明らかにすることを目指す。なぜなら、AAA は BBB の基礎となっているからである。そこで、まず CCC を行う。次に、DDD を解析する。ただし、EEE の際には FFF を試す。最後に GGG を通じて提言を行う。さらに、HHH についても行う。

→ AAA は BBB の基礎となっているため、本研究は AAA を明らかにすることを目指す。具体的には CCC や DDD を解析し、GGG を通じて提言を行うと共に HHH する。仮に、EEE の際には FFF を試す。

接続詞の使いすぎは文章の流れを損ないますので、なくても意味や理解しやすさが変わらない接続詞は削ると共に、何でもかんでも接続詞の前後で文章を分割するのをやめましょう。接続詞の前後で文章を分割するテクニックは長い文章を短くするのに有効ですが、やりすぎると文が短くなり、逆に文章のリズムを壊してしまいます。

順接での「が」は避ける

- 本研究は AAA を明らかにするものですが、同時に BBB を明らかにする挑戦でもあります。

接続助詞「が」には逆接の用法以外に、順接の用法もあります。
　逆接：遺伝子 AAA の発現量は上昇したが、BBB の発現量は低下した。
　順接：遺伝子 AAA の発現量は上昇したが、それは BBB を意味していた。

私たちは「〜したが、」と見ると無意識的に頻度の高い逆接だと想定して読み進めます。しかし、その後、内容を考えてみるとこれは逆接ではなく順接であったことに気づきます。このように、「が」は基本的には逆接的な使い方のみをするほうが無難です。

4.3.10 審査員を意識し、読み手に優しい文章を心がける

　わかりやすい、とは誰にとってでしょうか？　もちろん読み手である審査員にとって、です。忙しく、必ずしもあなたの分野についてはよく知らない審査員によって申請書は評価されます。理解できないものは評価しようがありませんので、研究内容を「そこそこ」理解してもらうことが何より重要です。

　全てのポイントは、申請書を読んでもらい、内容を理解してもらい、評価してもらうためにあります。以下に挙げる例に限らず、全ての行動原理が紙面の向こう側にいる審査員のために行うものであることを決して忘れてはいけません。

何をしたのか、どうしたのか、どういう結果だったのかを詳しく書きすぎない

　短い紙面の中で研究内容を完全に伝えることは不可能です。それならばむしろ、何を目的に研究し、何を明らかにしたのか（したいのか）だけでもわかりやすく説明し、研究内容の大枠を「そこそこ」理解してもらったほうが評価につながります。

審査員の疑問に答える

　審査員は、読み進めていくうえで「でもそれって AAA じゃない？」や「そもそも何で BBB をしてるんだっけ？」という疑問を抱きます。疑問があるままでは内容が頭に入ってきませんので、疑問に先回りして説明することで審査員にストレスなく読んでもらうことが大切です。自分自身が批判的な審査員になったつもりで、客観的に文章を評価する癖をつけましょう。それが難しい場合はなるべく、何回も他人に読んでもらい意見をもらいましょう。

全体のバランスを考える

　(4.3.8) 内容の連続性を意識するにも書いたように、指摘した問題と実際の研究内容が異なっている、など内容が首尾一貫していないと、研究計画の全体像が見通せず、わかりにくくなります。こうした原因は、時間が経つうちに考えが変わってしまったり、その場の流れで適当に舵を切ってしまったりすることで起こります。まずは各項目の 2 割くらいを目処にして、全体的にまんべんなく書き進めましょう。その後、各項目を 8 割くらいまで仕上げ、最後に全体のバランスを見ながら完成を目指します。蜜を集める蜂のように、あちこちを行き来することで首尾一貫した申請書を目指します。

4.4 美しく
―細部にまでこだわり、無意識に働きかける―

　人間は非合理的な生き物であり、ちょっとした印象しだいで評価はガラッと変わってしまいます。イケメン政治家の当選確率が有意に高かったり、身だしなみがキチンとしている人のほうが信用できると考えてしまったりする、あれです。しかも、やっかいなことに当人はそのことに気づいていないばかりか、自分はそうした見た目ではなく中身をちゃんと考慮して合理的に判断しているとさえ考えています。

　同様に、申請書においても研究の評価は必ずしも科学的な重要性・新規性のみで評価されているわけではありません。美しさ・わかりやすさ・読みやすさ、などはいずれも科学的な重要性とは別次元の話です。しかし、実際には人間の非合理的な行動のせいで、内容が少々良くなくても、美しく・わかりやすく・読みやすい申請書に高評価がついてしまいます。これを「世の中はみんなおかしい」と考えても始まりません（こういうときは大抵、自分がおかしい）。では、どうすれば良いか？　あなたの申請書も中身だけでなく、その他についてもこだわれば良いのです。人間が無意識的にどういった点を評価し、評価しないのかをよく理解していれば、あなたの申請書は正しく評価されるでしょう。

4.4.1 揃える

　一般的な意味で「美しい」とはバランスが取れていること、揃っていることです。フォントの大きさ、行間、余白の取り方、図の大きさなど、揃えられるところは全て揃えるのが基本です。本書では基本的に Word で申請書を書くことを推奨しています。最近は数式もきれいに書けますので、提供されているデフォルトのフォーマットにしたがって書くのが1番です。変換やファイルサイズなどを気にしなくてすみますしね。

表記を揃える

　細かい点ではありますが、表記が揃っていないことは美しさを損ないます。よほど特殊な場合を除いて、申請書全体に同じルールを適用するようにしてください。

- 書き方のゆれ：癌、がん、ガン
- 送りがなのゆれ：仕組み、仕組
- 文献の記載方法：本文中での引用、文献リストの体裁
  　　　　　　→ ページ番号やピリオド半角スペースなどがよく抜けています
- 一人称：申請者、研究代表者、我々（われわれ）

行間を揃える

Word のデフォルト設定では、同じ文章でもフォントやフォントサイズを変えると、行間が変わってしまう現象が起きます。これは、デフォルトでは表示されていないグリッドとフォントの関係で起こる現象です。そこで、

(1) 段落＞インデントと行間隔＞間隔＞1 ページの行数を指定時に文字を行グリッド線に合わせる(W)：のチェックボックスを外します。

(2) 同じところから

行間(N)：固定値、間隔(A)：フォントサイズより少し大きめの値（単位 pt）

→ 行間が固定されますので書体やフォントサイズによっては上下が切れてしまいます。

フォントにもよりますが 11 pt で書くときは 14〜16 pt くらいでしょうか。

行間(N)：倍数、間隔(A)：1.15（1 〜 1.20 程度）

→ Word のデフォルトに 1.15 倍がわざわざ存在することを考えると、最初の選択としては悪くないはずです。やや広めですけど。

もともと書かれている注意文の行間を変えるわけにはいきませんので、面倒でも全ての該当箇所の設定を揃えます（とても重要）。

過去の申請書のコピペをしている人は要注意！

游明朝 11pt
芸術家にして科学を理解し愛好する人も無いではない。また科学者で芸術を鑑賞し享楽する者もずいぶんある。しかし芸術家の中には科学に対して無頓着であるか、あるいは場合によっては一種の反感をいだくものさえあるように見える。

游明朝 10.5pt
芸術家にして科学を理解し愛好する人も無いではない。また科学者で芸術を鑑賞し享楽する者もずいぶんある。しかし芸術家の中には科学に対して無頓着であるか、あるいは場合によっては一種の反感をいだくものさえあるように見える。

MS 明朝 11pt
芸術家にして科学を理解し愛好する人も無いではない。また科学者で芸術を鑑賞し享楽する者もずいぶんある。しかし芸術家の中には科学に対して無頓着であるか、あるいは場合によっては一種の反感をいだくものさえあるように見える。

MS 明朝 10.5pt
芸術家にして科学を理解し愛好する人も無いではない。また科学者で芸術を鑑賞し享楽する者もずいぶんある。しかし芸術家の中には科学に対して無頓着であるか、あるいは場合によっては一種の反感をいだくものさえあるように見える。

メイリオ 11pt
芸術家にして科学を理解し愛好する人も無いではない。また科学者で芸術を鑑賞し享楽する者もずいぶんある。しかし芸術家の中には科学に対して無頓着であるか、あるいは場合によっては一種の反感をいだくものさえあるように見える。

メイリオ 10.5pt
芸術家にして科学を理解し愛好する人も無いではない。また科学者で芸術を鑑賞し享楽する者もずいぶんある。しかし芸術家の中には科学に対して無頓着であるか、あるいは場合によっては一種の反感をいだくものさえあるように見える。

第4章　どう書くのか

内容ごとに揃える

　3ページ以内など、記述が複数ページにわたる場合は、ページごとに各項目を配置し、終わりを極力揃えるようにしましょう。

1ページ目

- 本研究の学術的背景
- 研究課題の核心をなす学術的「問い」

2ページ目

- 本研究の目的
- 学術的独自性と創造性
- 本研究で何をどのように、どこまで明らかにしようとするのか　—項目1

3ページ目

- 本研究で何をどのように、どこまで明らかにしようとするのか　—項目2、3

　各項目がページごとに完結していれば、ページ間を行ったり来たりせずとも内容を理解できます。図についても同様で前ページで引用した図が次のページに配置されている、ということがないようにレイアウトを工夫してください。

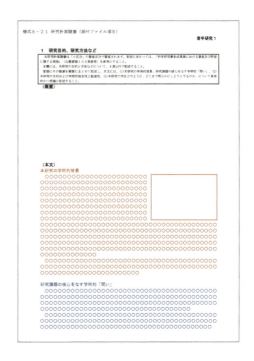

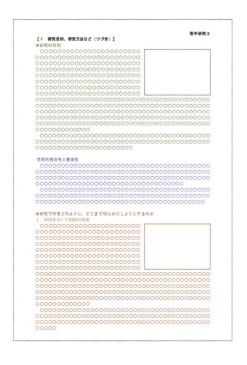

4.4 美しく―細部にまでこだわり、無意識に働きかける―

フォント・フォントサイズを揃える

本文に関しては欧文フォントと和文フォントを混ぜて使用すると統一感がなくなる場合があります。和文書体は必ずしも英語を書くのに向いていませんが、長文でなければ違和感はあまりありません。もちろん、相性の良い英文フォントを探すのも手です。

> **日本語が MS 明朝で英語が Century**
>
> 一帯一路（One Belt, One Road）とは、2013 年に習近平（Xi Jinping）国家主席が提唱し、14 年 11 月に中国で開催された「アジア太平洋経済協力（APEC）首脳会議」にて……

Century がやや太いため、英語部分が浮いて見えます。

> **日本語も英語も游明朝**
>
> 一帯一路（One Belt, One Road）とは、2013 年に習近平（Xi Jinping）国家主席が提唱し、14 年 11 月に中国で開催された「アジア太平洋経済協力（APEC）首脳会議」にて……

同じ書体なので当然ですが、違和感は全くありません。MS 明朝ではうまくいきません。

ただし、引用文献や業績など長めの英語を書くときは欧文フォントを使ったほうが良いでしょう。読みやすいだけでなく、文が短くなるのでスペースの節約にもなります。

> **MS 明朝**
>
> 1. Linnainmaa, Seppo (1970). The representation of the cumulative rounding error of an algorithm as a Taylor expansion of the local rounding errors. Master's Thesis, Univ. Helsinki, 6-7.
> 2. Griewank, Andreas (2012). Who Invented the Reverse Mode of Differentiation? Optimization Stories, Documenta Matematica, Extra Volume ISMP (2012), 389-400.

> **Times New Roman**
>
> 1. Linnainmaa, Seppo (1970). The representation of the cumulative rounding error of an algorithm as a Taylor expansion of the local rounding errors. Master's Thesis, Univ. Helsinki, 6-7.
> 2. Griewank, Andreas (2012). Who Invented the Reverse Mode of Differentiation? Optimization Stories, Documenta Matematica, Extra Volume ISMP (2012), 389-400.

第4章　どう書くのか

両端を揃える

　左揃えにすると英文や半角混じりの文章や書体によっては右端がガタガタになってしまいます。英語と異なり、単語の途中で改行することが可能ですので、両端揃えにしても極端に文字間隔があくということはありません。

　芸術家にして科学を理解し愛好する人も無いではない。また科学者で芸術を鑑賞し享楽する者もずいぶんある。しかし芸術家の中には科学に対して無頓着であるか、あるいは場合によっては一種の反感をいだくものさえあるように見える。また多くの科学者の中には芸術に対して冷淡であるか、あるいはむしろ嫌忌の念をいだいているかのように見える人もある。

　芸術家にして科学を理解し愛好する人も無いではない。また科学者で芸術を鑑賞し享楽する者もずいぶんある。しかし芸術家の中には科学に対して無頓着であるか、あるいは場合によっては一種の反感をいだくものさえあるように見える。また多くの科学者の中には芸術に対して冷淡であるか、あるいはむしろ嫌忌の念をいだいているかのように見える人もある。

　ただし、長めの英単語（URL 含む）が混じるときは語順の見直し・書き直しで対応するのが基本ですが、それが無理な場合は左揃えか部分的に両端揃えを解除したほうが、文字間隔が均等になり見栄えが良くなります。

本研究で用いた用語の使用頻度は 2019 年 1 月 1 日 時 点 の Google（https://www.google.co.jp/）に……

本研究で用いた用語の使用頻度は 2019 年 1 月 1 日時点での Google（https://www.google.co.jp/）に……

But in spite of the relative economic displacement they all cause, free trade, outsourcing,　and　technological displacement all have a positive net effect on the economics of the planet.

But in spite of the relative economic displacement they all cause, free trade, outsourcing, and technological displacement all have a positive net effect on the economics of the planet.

　図表を挿入する場合は図の端（上下左右）が文章の左右の端や文章の始まり・終わりと揃うように図の位置を微調整しましょう。

4.4.2 余白

科研費を含め、多くの場合は必ずしも十分な記述スペースがあるわけではありませんが、適切な余白は読みやすい申請書に不可欠ですので、内容を削ってでも最低限は確保する必要があります。Word を想定して説明しますが、他でも考え方は同じです。

ただし、いくら余白が重要だからといっても、指定されたページを埋めないのは論外です。文字をキツキツに書いたからといって評価が上がるわけではありませんが（むしろ読みにくい分だけ評価は下がる）、ページが全然埋まっていなければ、本気度を疑われても仕方がないでしょう。9割は埋めてください。

科研費は枠に収めなくて良くなりましたが、学振にはまだ枠が存在します。

①注意書きと本文の間や枠との間は 0.2 ～ 0.5 行空けます。

②左右インデントとして 0.2 ～ 0.5 字空けます。

③段落間は近い内容のときは空けず、大きく変わるときは 0.2 ～ 0.5 行空けます。

④大見出し間は 0.5 ～ 1.0 行空けて視覚的に明確に区切ります。

⑤階層構造をはっきりさせようと左インデントの大きさを調整する操作は不要です。特に読みやすくはならず、スペースの無駄です。

⑥小見出し間も 0.2 ～ 0.5 行空けます。

余裕があるときは 0.5 行／字、余裕がないときでも 0.2 行／字、通常は 0.3 行／字、が目安です。

4.4.3　文字位置の微調整

　改行は弱い区切り記号の効果も持ちますので、場合によっては意図していないように読めてしまったり、読みづらさを生んだりすることがあります。次の例はどうでしょうか。

> ・世界経済の不確実性がますます高まっている中で、輸入に頼るだけで私たちはこの先生きのこることができるだろうか？
> ・餅の食べ方には様々ある。あんこも捨てがたいが、私は特にきなこが好きである。大好きなこの町で、食べる餅は最高である。
> ・直線と曲線のみで構成された彼の絵画は五感に直接訴えかける傑作であったが、住民の直訴により公開は見送られた。

　単語が行をまたぐことによる読みづらさを解消するためには、1文字程度を前後させることが有効です。内容が変わると行末文字も変わってしまいますので、以下に紹介する方法はいずれも最後の最後に行ってください。

　なお、Wordを使用し両端揃えであることを前提にしています。

内容の見直し、語順の調整

　まずは、内容を見直すことを考えましょう。表現を変えてみたり、句読点・語順などを見直すことで1文字くらいは簡単に前後します。これについては特に説明不要でしょう。

字間調整（簡易版）

　1文字を後ろに送りたい場合は、その直前にスペースをいくつか入れると文字が次の行に送られると同時に、両端揃えが行われ文字間が微調整されます。

> ・直線と曲線のみで構成された彼の絵画は五感に直接訴えかける傑作であったが、住民の直訴により公開は見送られた。　　　　　　　　　　　　　　〔ここにスペースをいくつか入れる〕
>
> → 直線と曲線のみで構成された彼の絵画は五感に直接訴えかける傑作であったが、住民の直訴により公開は見送られた。（こうなる）
>
> → 直接訴えかける傑作であったが、住民の　　直訴により公開は見送られた。（実際にはこうなっているので、最後に作業しないと変になってしまう）

字間調整

もっと本格的に字間調整するためには、Wordの機能を使います。

文字間隔を詰めたい（広げたい）文字列を選択し、

　　ホーム＞フォント＞詳細設定（WindowsはCtrl＋D、MacはCommand＋D）

から、文字間隔(S)：狭く（広く）、間隔(B)：0.1〜0.3 pt を設定します。

> ・餅の食べ方には様々ある。あんこも捨てがたいが、私は特にきなこが好きである。大好きなこの町で、食べる餅は最高である。（ハイライト部分を選択して文字間を0.1 pt 狭く）

> ・餅の食べ方には様々ある。あんこも捨てがたいが、私は特にきなこが好きである。大好きなこの町で、食べる餅は最高である。（するとこうなる。字間はほとんど気にならない）

これにより見た目にはほとんど違いがわからないまま、1文字を詰めたり、次の行に送ったりすることが可能になります。あまり極端に文字間隔を調整すると不自然になるので、0.1〜0.3 pt の範囲で狭くしたり広くしたりするくらいにとどめておくと良いでしょう。

この方法を使えば、全角丸括弧の前後が空きすぎる問題を修正することも可能です。また、直接字間調節ではないですが左インデントを調節することで行頭文字を揃えることも可能です。その意味でもインデントは入れておくと便利です。もちろん、インデントの代わりに半角スペースでも入れておき、それを字間調整するのでも良いですけれど。

> **研究計画**
> 【○○○の解析】
> 丸括弧を書くと（前後が空きすぎる）という問題がある。
> 半角括弧だとフォントによっては(ベースラインが揃わない)という問題がある。

> **研究計画**
> 【○○○の解析】　←左インデントを調節すれば、左端を揃えられる
> 丸括弧を書くと(前後が空きすぎる)という問題がある。
> 　　　　　↑括弧の1つ前の文字「と」を選択して字間を2 pt ほど狭く
> 　　　　　　　　↑括弧閉じ「)」を選択して字間を2 pt ほど狭く

図に対する文字列の回り込み調整

これも Word の機能なので、書き方というよりは Word の使い方になってしまいますが、

対象となる図表を選択し、レイアウト＞文字列の折り返し＞その他のレイアウトオプション＞文字列との間隔　から上下左右の間隔を調整します。

> 芸術家にして科学を理解し愛好する人も無いではない。また科学者で芸術を鑑賞し享楽する者もずいぶんある。しかし芸術家の中には科学に対して無頓着であるか、あるいは場合によっては一種の反感をいだくものさえあるように見える。

ここの幅を変える

> 芸術家にして科学を理解し愛好する人も無いではない。また科学者で芸術を鑑賞し享楽する者もずいぶんある。しかし芸術家の中には科学に対して無頓着であるか、あるいは場合によっては一種の反感をいだくものさえあるように見える。

この方法は文字間隔を変えることなく、広範な範囲の文字列に適用されるので、上記例のようにあと1行を捻出したいときなどに有効です（この場合は文字間隔を詰めることでも対応可能）。特にこの方法の場合は、他の図表に対しても同様の設定にしておくと、見た目が統一され、美しくなります。

4.4.4　フォント

フォントは読みやすさ・美しさに大きな影響を持ちます。明朝体とゴシック体は知っているでしょうし、それらにはさまざまな種類があることも知っているでしょう。しかし、他にもウエイト（太さ）の違い、コンセプトの違いなどフォントはさまざまな意図で作られており、どれを選ぶのかは一苦労です。高橋佑磨・片山なつ『伝わるデザインの基本』ではこれらの基本についてわかりやすく説明してありますので、詳しくはそちらをご覧ください。

ここでは、おすすめのフォントと基本的なルールを具体的に紹介します。

本文は読みやすい明朝体、見出しは目立つゴシック体で書くことが基本です。ここで挙げるフォントはどれを使っても構いませんが、互換性も含めて、游ゴシックと游明朝で書いておけば「そこそこ」にはなると思います。Word はフォント埋め込み機能を持っていますが、他人が編集できなくなるので、使い所は限られています。

主なOS	フォント名	特徴
Mac	ヒラギノ明朝	デフォルトのW3は少し太めなので、私はW2を購入して使っていたこともある。 科研費.com はとても役立つウェブサイトです。
Mac	ヒラギノ角ゴシック	最新のOSだとW3, W6以外のW4やW5が使えるので、見出しに使いやすくなった。W6は太すぎる。 科研費.com はとても役立つウェブサイトです。
Win	メイリオ	ちょっと癖はあるけど、それがいい。申請書で使用するとデフォルト設定では文字の上下が空きがちなので、行間を固定値にすることは絶対です。 科研費.com はとても役立つウェブサイトです。
Mac/Win	游明朝	ウエイトも充実しており、読みやすい。Winの場合は游明朝Lightでも良いかもしれない。 科研費.com はとても役立つウェブサイトです。
Mac/Win	游ゴシック	游明朝体と一緒に使うことを想定してデザインされているので相性バッチリ。ウエイトの種類も豊富。 科研費.com はとても役立つウェブサイトです。

- フォントサイズは11 ptか11.5 ptが基本です。これよりは小さくしないこと。
- フォントによっては、太字機能で表示される文字は単に文字をずらして重ねて太くしただけの「擬似ボールド」ですので不格好です。注意してください。

4.4.5 大見出し、小見出し

　内容を区切ることで、どこに何が書いているのかをわかりやすくすると共に視覚的にもメリハリをつける見出しは重要です。科研費などを考えると大見出し、小見出し、箇条書き、をどのように書くかのルールは決めておいたほうが良いでしょう。
　見出しの原則は以下の通りです。

> ・**見出しはゴシック体、可能なら大見出しと小見出しで太さに差をつけて階層構造をはっきりさせる**
> ・**本文の強調と見出しが被らないようにする（どちらも太字（下線）で表現するなど）**

　一目でどこが見出しでどこが本文なのかがわかるようにすることが大切です。

見出しのバリエーション	
【研究の学術的背景】	隅付き括弧
■ 研究の学術的背景	記号
研究の学術的背景	太字
研究の学術的背景	網掛け
(1) 研究の学術的背景	数字

箇条書きのバリエーション	
・	中黒
1, 2, 3, 4,	数字
a, b, c, d,	アルファベット
I, II, III, IV,	ローマ数字

他にも五十音／いろは順、半角⇔全角、大文字⇔小文字などバリエーションがあり得ます。この辺は美的センスの問題なので正解はありませんが、迷ったらシンプルにしましょう。下に例を載せます。

プレゼンテーションではフォントサイズを変えて目立たせたりしますが、申請書ではあまりしないほうが良いでしょう。不必要に目立ちすぎること、均整のとれた美しさを損なうこと、余計なスペースを消費することが理由です。

大見出し：研究計画（游ゴシック Light＋太字）

(1) 小見出し：○○○の解析（游ゴシック Medium）
 本文：游明朝 Light　芸術家にして科学を理解し愛好する人も無いではない。また科学者で芸術を鑑賞し享楽する者もずいぶんある。**本文強調：游明朝 Light＋太字**　しかし芸術家の中には科学に対して無頓着であるか、あるいは場合によっては一種の反感をいだくものさえあるように見える。また多くの科学者の中には芸術に対して冷淡であるか、あるいはむしろ嫌忌の念をいだいているかのように見える人もある。
・箇条書き1（游明朝 Light）フォントは変えない
・箇条書き2
・箇条書き3

4.4.6　図表の体裁

美しい申請書のコツは統一感です。図について揃えるべきポイントは以下の通りです。

図のフォント

図中のフォントはゴシック体が良いでしょう。また図表が複数あり、画像として文字を扱う際にはフォントだけでなく、最終的なフォントサイズが統一されるようにします。作図の段階で同じサイズで作り、全ての図の縮尺を統一するようにすれば簡単です。ちょっとした文字ならば図に埋め込まず、Word のテキストボックスを用いて書いたほうがきれいな文字になります。

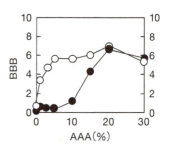

図1　AAA濃度とBBB活性
低濃度では●よりも○のほうがBBB活性が高い。

4.4 美しく―細部にまでこだわり、無意識に働きかける―

図のテイスト

論文や総説からの図、自分で書いた図、フリー素材などを混ぜて使用すると統一感が生まれません。統一した図にするためには自分で描くしかありません。詳しい方法は次で解説します。

ちょっとダサい

図の大きさ・位置

図の横幅も固定しておくと統一感が増します。特に、本文の回り込みを許す場合、本文がすぐに折り返されてしまうと読みにくいので、図表の横幅の 30 ～ 40％程度（1/3 前後）までにすると良いでしょう。もしくは横幅全部を使うパターンです。この 2 種類くらいの幅に揃えておくと統一感が生まれます。

細かく折り返されると読みにくい

横書きの視線の流れは右から左なので右端に図を配置します。

本文での取り扱いと図の説明

本文中で図を見るタイミングを指定してください。「～であった（図 1）。」でも良いですし、「右図のように、～」でも構いません。複数の図があるのであれば図の番号で指定するのが良いでしょう。時々、本文中のどこにも図を指定していないことがありますが、審査員は基本的には字を追うので、せっかく挿入した図がまともに見てもらえないことになります。必ず本文中で引用しましょう。また、図だけを見て内容を理解しろというのは、無理な話なので、（1）図のメッセージはシンプルにする、（2）図の説明文（legend, caption）をつけるなどの工夫が必要です。

4.4.7 イラストの描き方

文字だけの申請書より図表を含めたほうが視覚的にわかりやすくなります。そんなときにはフラットデザインの考え方を取り入れた自作のイラストが有効です。自分で描くことによって、自分の研究内容にあった同じテイストのイラストをいくらでも生み出せます。ネット上にあるフリー素材の組み合わせや自分で描くと、イラストのテイストが異なるため、どうにもチグハグな印象になってしまいます。「いらすとや」でも良いんですけどね。

少し前になりますが、フラットデザインという考え方が流行りました。デザインにおける余分な要素を排除し、対象物を抽象化してシンプルでダイナミックなレイアウトや色使いで勝負するデザイン手法です。次の 2 つの特徴は、申請書で利用するのに便利です。

色数が少ない

科研費や学振の申請書はグレースケールで審査されます。

研究計画調書はモノクロ（グレースケール）印刷を行い審査委員に送付するため、印刷した際、内容が不鮮明とならないよう、作成に当たっては注意（学振は留意）してください。

その際に、カラー写真やカラーイラストをそのままグレースケールに変換してもきれいに見えない場合も数多くあります。また、論文の写真や総説のイラストは申請書にとっては情報過多であることがほとんどです。ただでさえ、グレースケール化で見にくくなったものに、ゴチャゴチャといろいろな情報が詰め込まれていれば、当然、美しくありません。フラットデザインは、平面的かつ少ない色数で表現する手法ですので、せいぜい、黒・濃い灰色・薄い灰色・白の４色くらいで十分にイラストを描くことができます。

平面的である

多くの研究者は絵を上手に描くことはできません。立体的で細かく描き込まれた図を描くのはさらに難易度が上がります。フラットデザインは、平面的でありシンプルであるがゆえに私たちでもある程度のものを描くことができます。

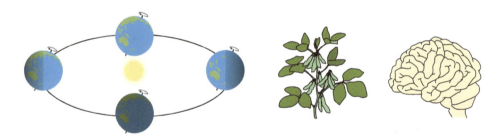

簡単な描き方

（１）動画での紹介

統合 TV　パワーポイントの図形描画機能でイラストをつくる方法
https://togotv.dbcls.jp/20110509.html
https://togotv.dbcls.jp/20110609.html
https://togotv.dbcls.jp/20110815.html
©2016 DBCLS Togo TV

4.4 美しく—細部にまでこだわり、無意識に働きかける—

(2) 実際の手順
手順1　利用可能な写真やイラストを用意する[*11]

　自分で写真をとっても良いですし、クレジット表記の必要のないフリー素材などを用意します。

　ここでは、PowerPointでマウスの絵を描いてみましょう。

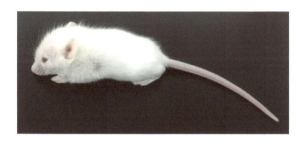

手順2　元絵を適度に透過し、挿入＞図形＞曲線から［曲線ツール］を使って輪郭をなぞる

　なるべく大きな画面で拡大しながらなぞると、細かいところまできれいに描けます。多少のズレは気にしないで良いです。

　［頂点の編集］で微調整します。

手順3　色をつけて、背景の元絵を消す

　ここでは白いマウスだったので、薄い灰色で着色しました。耳の部分はそれよりやや濃い灰色です。輪郭線は真っ黒より濃い目の灰色にするとそれっぽく見えます。

　写真に採用したマウスが特徴なさすぎて、ちょっと絵のクオリティはあれですけど……。

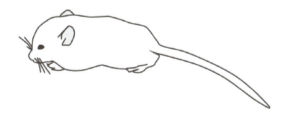

　このようにトレースするだけであれば、比較的簡単ですね。申請書における図やフォントのデザインについては、高橋佑磨・片山なつ『伝わるデザインの基本』がおすすめです。

4.5 推敲や見直しでより良い申請書にする

　自分でするにせよ、他人と一緒に進めるにせよ、1回の推敲（添削）で全部を修正することは不可能です。箱根寄木細工のからくり箱のように、修正して、全体のバランスを見て、また修正しての繰り返しです。そのため、修正作業にはかなりの時間を必要とします。特に、初稿に対する修正作業は構成を大胆に変える必要がある場合が多いため、瞬間的にですが、完成度は下がります。締め切り直前に修正作業に入って時間切れで中途半端とならないように、早め早めに原稿を完成させることが肝要です。

　イメージとしては、最初の1回は完成レベルが下がり、2回目以降の修正で50％くらいずつ修正されていくので、95％以上の完成度にするためには、5〜6回の修正は要ることになります、99％なら7〜8回です。ある程度以上になると、迷いが出たり、コスト・ベネフィットが釣り合わなかったりしますので、10回以上の推敲はよほどのことがない限りする必要がないと思います。このレベルまでいくと、エイヤと出してしまうほうがいろいろと捗ります。

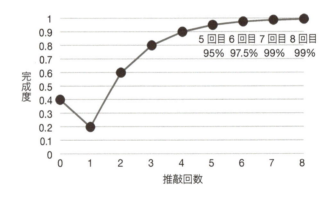

　文章のブラッシュアップには大きく3つのレベルがあります。基本的には内容を固めてから体裁を整え、最後に微調整をして完成ですが、これらは必ずしも一方通行とはならず、必要に応じて各レベルを行ったり来たりして遂行を繰り返すことになります。

レベル1．内容（文章の論理構成・展開）

　いきなり細かいところの修正をしても、文章の構成が変わってしまえば全ての努力が水泡に帰してしまいます（しかし、細かな修正のほうが楽なので先に手をつけてしまいがち）。まずは、細かなところはいったん置いておいて、全体を俯瞰した際に、論理構成に穴はないか、文章の展開の仕方は最も説得力を持つものになっているのか、言いたいことを言えているのか、余計なことを言っていないか、などについて内容面から検討しましょう。

4.5 推敲や見直しでより良い申請書にする

寝かせてから読む	書いた本人の頭の中では全てのロジックがつながっているため、その状態でいくらチェックしても、読み手が理解できるかどうかの判断は難しいものがあります。 文章を書き上げたら、一度、申請書から離れて別のことをして凝り固まった思考をリセットしましょう。その際には極力、否定的に読み、自分で自分の書類にツッコミましょう。
他人に読んでもらう	他人に読んでもらうのは最もシンプルかつ効果的な方法です。その際には、誤字脱字など細かい点ではなく、内容が理解できたかどうか、論理構成に無理がないか、提案する方法の実現可能性、問題設定の妥当性を中心に教えてほしいと伝えておきましょう。

レベル2. だいたいの体裁（フォントサイズ、行間、図表、など体裁全体）

内容が決まったら、次は規定の書式に収めていく作業になります。フォントサイズや行間を微調整してぴったりに埋めていきます。これと合わせて、表現や内容も調整します。

目を細めて見る	紙面が黒すぎたり、白すぎたりしませんか？ どちらかの場合、漢字・かな比（次ページの ポイント! を参照）がおかしい可能性があります。
意識して誤字・脱字を見つける	流し読みでは誤字脱字は見つけにくくなります。 　　ほん　けゅきんう　の　けっか　だがいく　の　けゅきうんひ　は 　　まといし　へっいてる　ことが　わかりしまた。 音読や文節ごとに逆から読むなどの工夫でかなり減らせます。 また、文献リストは特にスタイルの不統一が起こりがちですので、軽んじずにしっかりチェックしてください。
印刷する	簡単かつ、最も効果的なチェック方法です。印刷してペンを片手に読むと、パソコンとは異なる印象を持つでしょう。

レベル3. 微調整（行末調整、細かな表現の修正）

最後に本当に細かいところを微調整します。時間対効果はそれほど良くないかもしれませんが、最後の最後まで諦めたくない人や1%でも可能性を上げたい人はぜひ。

黙読する	自分の視線の流れを意識しながら、申請書を黙読してみましょう。どこかで引っかかって、文章を読み直すようなことがあれば、そこは潜在的にわかりにくいところです。内容が難しすぎるのかもしれませんし、漢字やひらがなが連続して区切りがわかりにくいのかもしれません。いずれにせよ、どこにも引っかかる場所がなくなるまで修正を繰り返すべきです。 人間は極力あたまを使いたくない生き物です。読み手に考えさせることなく意見を受け入れてもらうのが極意です。そのためには、読みやすいことが何よりです。
調整で読みやすく	行末調整したり、細かな表現を修正したり、段落間や見出し間の微調整を行います。
図表を作り直す	図表のクオリティを上げることは美しい申請書にするための比較的簡単な方法です。適当に四角や矢印を組み合わせるのではなく、デザインを意識して作ってください。

> **ポイント！** 漢字・かな比
>
> これらとは別に漢字でもひらがなでも良い場合も存在しますし、表現を工夫することなどでも、漢字とひらがなの割合をコントロールすることができます。読みやすいひらがな、漢字、カタカナの割合はだいたい6：3：1と言われています。ひらがなが多すぎると幼稚な印象になりますし、漢字が多すぎると堅苦しい印象になります。また、ひらがな・漢字が連続すると切れ目がわかりにくくなり誤読が増えます。いずれにせよ、こうした割合が崩れると読みにくくなり、審査員にはストレスがかかります。繰り返し述べていますが、審査員がストレスを感じるような申請書では高評価は望めません。

Column　おすすめ書籍

　私が申請書を書く際に押さえておくべきだと考えているのは、日本語の作文技術、審査員の心理、デザインの3つです。ロジカルシンキングは当然のものとします。

　これら3つの入門書として以下の4冊をおすすめします。いずれも2,000円程度かそれ以下で購入できますので、その点でも気軽に試せるでしょう。

ダニエル・カーネマン『ファスト＆スロー』
　審査に限らずですが、いかに無意識の影響を受けているのかがよくわかる本。細部や表現にこだわることで、無意識に対して効果的に訴える重要さがわかるかと思います。

安宅和人『イシューからはじめよ』
　海外で脳神経科学の博士号を取り、今はヤフーのCSOという異色の経歴を持つ著者による問題解決本。もとは、いかにしてNatureに論文を通すかという内容のブログからのスピンアウト。別に種本あり。

本多勝一『日本語の作文技術』
　日本語の作文技術本と言えば、これか、木下是雄『理科系の作文技術』。何回でも読み返したくなる名著。修飾語の位置や読点の用法などは特に秀逸。

高橋佑磨・片山なつ『伝わるデザインの基本』
　研究の内容が良ければ理解してもらえる、というのは大きな誤解です。物事は伝え方によって印象は大きく変化します。非常にわかりやすく、今までデザインについて考えてこなかった人に特におすすめしたい1冊。

第5章

申請書のヒント

　具体的な考え方や実例に触れることは自身の理解を一気に進めてくれます。具体的にどのようにして研究のアイデアを生み出せば良いかの1つの方法として、オズボーンのチェックリストを紹介しています。また研究課題名や研究動向を知るためのデータベースの紹介、そして科研費や学振の実際の申請書を公開してくれている100件以上のリンク集や、「そこそこ」のできの申請書を作るためのそこそこテンプレートなど、申請書作成に役立つヒントを集めました。

5.1　オズボーンのチェックリスト 94
5.2　学振および科研費申請書を公開している
　　　サイト　検索の仕方 96
5.3　データベースの利用 98
5.4　そこそこテンプレート 101
5.5　粒度の粗いそこそこテンプレート 130
5.6　科研費.com のチェックリスト 134

5.1 オズボーンのチェックリスト

研究におけるオリジナリティの源泉はアイデアです。ここでは新しいアイデアを生み出すツールとしてオズボーンのチェックリストを紹介します。

オズボーンのチェックリストとは、以下の9つの質問に答えることで既存のアイデアや成功例に変化を与え、新しいものを生み出すための思考ツールです。新しい研究アプローチを考えるときに役立つことでしょう。

1. 転 用
新しい使い方は？／他の分野で使えないか／改善・改良して使いみちはないか／他の分野で必要とされていないか？
研究における実例：ドラッグリポジショニング、GPCRを用いたオプトジェネティクス、GFPを利用したpHセンシング

コップを電灯のカサに

2. 応 用
他（過去）に似たような例はないか／何かを真似できないか／コンセプトなどを使えないか／手本はないか
研究における実例：モルフォ蝶を模倣した構造発色、数学の証明に物理学の考え方を利用、DNAバーコーディング

積み上げられるコップ

3. 変 更
意味・色・動き・様式・型・対象・頻度などを変えたらどうなるか
研究における実例：ライトシート顕微鏡、文学の再解釈、電話の意味の変更 → スマホ（結合や拡大ともみなせる）

飲み干さないと
倒れてこぼれるコップ

4. 拡 大
大きく・長く・強く・高く・厚くできないか／地域・対象・頻度・時間を増やせないか
研究における実例：各種の網羅解析、長鎖DNAの合成、スパコンの性能向上、世界の複数地域での統一調査

雨水を取り込める
コップ型の家

5. 縮　小

小さく・短く・弱く・低く・薄く・シンプルに・簡易にできないか／省略・分割できないか

研究における実例：1細胞解析、超解像顕微鏡、マイクロフリュイディクス、テーラーメイド医療

試飲専用の
使い捨てコップ

6. 代　用

物・材料・製法・方法・利用場所・対象・人を変えたらどうか

研究における実例：レアアースを含まない触媒、コンテキストの違いによる行動変化、官能基を変えることで特性変化

氷でできた、
ウイスキー用コップ

7. 置　換

要素・配置・順序・因果・成分を変更できないか

研究における実例：処理手順を入れ替えることで効率アップ、当たり前と思って入れていた物が実は不要だった

持ち手を内側にして
冬場に手を温める

8. 逆　転

上下・左右・前後・反転・役割を逆にできないか／弱みを強みに変えられないか

研究における実例：接着力の弱いのり → 付箋、研究データを公表する → 公表されたデータを用いて研究する

上下を入れ替え、
安定性を増したコップ

9. 結　合

2つのアイデア・最先端の技術・異分野の方法論・手順などを組み合わせたらどうなるか／結合・合体・融合・混合できないか

研究における実例：経済学＋心理学＝行動経済学、

持ち手が握力計に
なったコップ

注意点

　オズボーンのチェックリストは1→10の発想には向いていますが、0→1の発想には不向きです。ホウキを素早く動かす方法を考えても掃除機は生まれませんし、うちわを素早く動かす方法を考えても扇風機は生まれません。ですので、オズボーンのチェックリストを利用する場合は、なるべく良いアイデア・成功例を持ってくる必要がありますし、逆に、0→1を生み出したい場合は別の思考ツールを用いたほうが良いでしょう。

5.2　学振および科研費申請書などを公開しているサイト　検索の仕方

　最近は所属機関のURAなどが科研費や学振などの支援業務を行っている例が増えていますが、そのノウハウは基本的に非公開です。私自身もいくつかの研究機関のものを目にしたことがありますが、どこも本質的には大して変わりませんので自分が手に入るものだけを確認しておけば十分でしょう。同様の内容はネット上でも簡単に見つけられます。

　また、トルストイの『アンナ・カレーニナ』において「幸福な家庭はどれも似たものだが、不幸な家庭はいずれもそれぞれに不幸なものである。」と書かれているように、不採択となった申請書はそれぞれの理由で不採択であることが多く、何がどうだったからダメだったとは言いにくい場合がかなりあります。強いて言えば読みにくい、わかりにくい、魅力的でない、運がなかった、などですが、そのどれが決定的な理由であったのか、あるいは複合的な要因だったのかは私たちには知る術がありません。実績のある申請書を読み、あなたが「ここは良いな」と思うところを真似したり、「ここはこうしたら良いのに」と気づきを得るきっかけにしたりするのが1番です。

　下記URLにて、2019年2月時点でアクセス可能なサイトへのリンクを100件以上紹介しています。貴重な申請書を公開してくださっている方々の研究種目、大まかな内容、課題名、氏名などを掲載しています。他には過去の申請書を所属機関内部限定で閲覧可能にしているケースもありますので、それも参考になるかと思います。

URL：https://科研費.com/proven-proposal/

新学術領域・特定領域	5件	採択　4件（自然科学3　人文・社会1）	不採択1件
基盤S・基盤A	10件	採択　8件（自然科学3　人文・社会5）	不採択2件
基盤B	15件	採択15件（自然科学3　人文・社会12）	
基盤C	24件	採択23件（自然科学2　人文・社会21）	不採択1件
挑戦的萌芽	9件	採択　8件（自然科学3　人文・社会5）	不採択1件
若手S・若手A	2件	採択　1件（自然科学1）	不採択1件
若手B・若手研究	16件	採択14件（自然科学8　人文・社会6）	不採択2件
研究活動スタート支援	1件	採択　1件（人文・社会1）	
学振SPD・PD・海外学振	12件	採択　8件（自然科学1　人文・社会7）	不採択4件
学振DC2・DC1	24件	採択16件（自然科学10　人文・社会6）	不採択8件
その他	20件	採択19件（自然科学10　人文・社会9）	不採択1件
計	138件		

申請書の検索の仕方

1. 近くの人に見せてもらう

　最も簡単かつ効果的な方法です。研究室の同僚や先輩の申請書であれば、内容的にも近いので論の展開も真似しやすいでしょうし、「人権の保護及び法令等の遵守への対応」も書きやすいので便利です。また、同じ学科の人や他大学であっても面識のある人には頼みやすいですし、お願いも聞いてもらいやすいでしょう。他人の申請書は、特に取り扱いに注意が必要です。内容は秘密にすること、他の人には見せないことをしっかり伝えましょう（そして約束を守りましょう）。

　デメリットとしては、どうしても申請書のパターンが偏りがちになってしまう点です。見せてもらった申請書のこだわりポイントが本当に採択に寄与したかどうかは誰にもわかりません。生存者バイアスがかかっていることは意識しましょう。

2. ネットの海から探す

　「科研費　申請書」「学振　申請書」でウェブやSNSを検索すると一定の確率で見つかります。また、「研究の特色・独創的な点」や「これまでの先行研究などがあれば、それらと比較して……」のように申請書に特徴的な語句を検索ワードにすることで引っかかることもしばしばあります。

　しかし、各大学のURAが科研費や学振のフォーマットそのものを公開したり、これらのフォーマットをベースにしたその他の助成金があったりと、検索効率は良くありません。また、研究費の額が上がるにつれて公開数が少なくなってしまいます。

3. URA・図書館

　大学図書館やURAが採択された申請書を管理している場合があります。学内限定での公開がほとんどですが、もし可能であるならば効率良く多くの申請書を閲覧することができるチャンスです。問い合わせてみましょう。

> **ポイント！　自分が納得できるところを参考にしよう**
>
> 　申請書に唯一の正解はありません。採択された申請書のあまり細かいところまで真似する必要はありません。自分で読んでみて、なるほどこれはわかりやすいな（美しいな、良いな）と思う点を参考にすると良いと思います。審査員によって評価は変わりますので、気にしすぎは良くありません。細部の表現や内容の模倣はかえって、自分のスタイルを見失わせることにつながりかねませんので注意してください。

5.3 データベースの利用

申請書を書くために利用可能なデータベースとして、日本の研究.com と KAKEN を紹介します。

日本の研究.com（https://research-er.jp/）

民間のバイオインパクト社が運営している研究費データベースです。今回の書籍の執筆にあたっても貴重なデータを提供してくださっており、大変お世話になっています。

同分野の研究者がどのような研究課題で研究している（していた）のかや、同年代の研究者がどれくらいの研究費を獲得しているのかなどを簡単に調べることができます。KAKEN では調べられない JST や厚労省、内閣府などの課題も調べられるのが便利です。

使い方 1　気になるライバルの資金獲得状況を知る

1. 右上の検索 🔍 から研究者氏名を検索
2. 「進行中の研究課題」や「終了した研究課題」には個々の研究課題名や事業区分、配分額（一部推定）が表示されると共に、研究費と研究期間が時系列でわかりやすく表示されているので、どのタイミングでどのような研究をしていたかがわかります

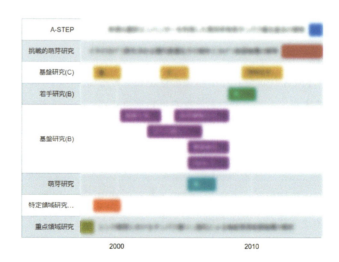

使い方 2　「AMED」はどんな人が取っているのだろう？

1. 右上の検索 🔍 から、事業区分 > 日本医療研究開発機構（AMED）を選択し、検索

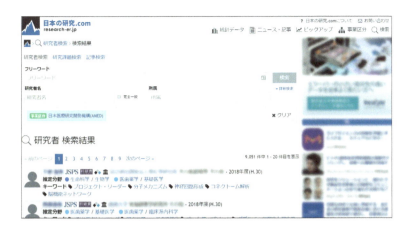

- 自分が知らない研究費を取っていないか → 自分も応募できるのでは？
- どのような研究課題で研究費を取っているのか → これからの方向性の予測
- 同年代のあいつは、いっぱい獲得しているな → 自分も頑張ろう

> KAKEN（https://kaken.nii.ac.jp/）

　KAKEN は科研費のデータベースであり、誰がどんな研究課題でどんな研究費を取っているかを調べることができます。KAKEN の最大の魅力は研究成果報告書が掲載されていることです。自分の例を思い出していただければわかるかと思いますが、科研費の報告書は年度末や年度始めの忙しい時期に提出しなければなりません。しかも結構な分量です。あなたなら、どうしますか？　そうです。自分が書いた申請書を引っ張り出してきて、背景や目的、方法はコピー＆ペースト（＋若干の加筆修正）で済ませ、結果や結論を新たに書き加えるという操作をしますよね？　すなわち、私たちは多くの採択された研究課題の背景や目的、方法をかなりオリジナルに近い形で見ることができるのです。

　報告書をチェックする方は少ないかもしれませんが、ここは書き方の実例の宝庫です。また、厚生労働科学研究成果データベース（https://mhlw-grants.niph.go.jp/）についても同様の使い方は可能ですので、医学系の方は見てみても良いかもしれません。ただし、KAKEN ほど使いやすくはないので、その他の分野の方があえて使うメリットはなさそうです。

使い方 1　研究成果報告書から背景や目的の書き方を学ぶ

1. 詳細検索 > 報告書/評価種別 > 研究成果報告書にチェックを入れ、検索
2. 左のカラムから、研究種目や研究期間（年度）で絞り込む。あまり書き慣れていない若手を見てもしょうがないので、基盤 A や基盤 B がおすすめです

3. 研究課題名をクリックし、下にスクロールして研究成果報告書の PDF をクリック
4. 研究の背景、目的、方法あたりは研究の前後で変わらないはずなので、書き方の参考になります。以下は、研究成果報告書と科研費申請書を同時に公開してくださっている先生のものを比較した結果です。全く同じ内容であることがわかります

研究成果報告書

2．研究の目的
　生命圏の分布，あるいは生命の限界を知ることは環境学および生命科学の1大テーマであり，これらを規制する主要因の1つが温度である。現在知られている最高生育温度は122℃であり，これはメタン生成古細菌（以下メタン菌）が記録している [Takai et al. 2008 PNAS]。メタン菌は還元環境に分布し，特に高圧のため水温が100℃を超えうる地下深部環境では優先種である。このため，いまだ人類が確認できていない123℃以上で生育可能な生物がいるならば，『高温・高圧の地下深部に生息するメタン菌』が最有力候補である。
　地下深部におけるメタンの起源は微生物代謝か高温化学反応の2つに大別できる。つまり，123℃以上の高温地下深部環境を調査し，その場のメタンについて『このメタンは微生物代謝生成物である』と判別できれば，我々が現在知るよりさらに高温の領域まで，生命(圏)の限界が広がっていることを指摘できる。この目的を達成するためには『メタンの起源を明確に推定できる化学指標の存在が肝要』である。

科研費申請書

■研究の学術的背景
　生命圏の分布，あるいは生命の限界を知ることは環境学および生命科学の一大テーマであり，これらを規制する主要因の1つが温度である。現在知られている最高生育温度は122℃であり，これはメタン生成古細菌（以下メタン菌）が記録している[ref.1]。メタン菌は還元環境に分布し，特に高圧のため水温が100℃を超えうる地下深部環境では優先種である。このため，いまだ人類が確認できていない123℃以上で生育可能な生物がいるならば【高温・高圧の地下深部に生息するメタン菌】が最有力候補である。
　地下深部におけるメタンの起源は微生物代謝か高温化学反応の2つに大別できる[業績3,12]。つまり，123℃以上の高温地下深部環境を調査し，その場のメタンについて【このメタンは微生物代謝生成物である】と判別できれば，我々が現在知る　よりさらに高温の領域まで，生命(圏)の限界が広がっていることを指摘できる。この目的を達成するためには【メタンの起源を明確に推定できる化学指標の存在が肝要】である。

使い方2　関連分野の研究課題を参考にする

自分の関連分野のキーワードで検索してみましょう。

- どの研究者がどんな方向で研究を展開しようとしているのかがわかります
- 課題名のつけ方の参考にしても良いでしょう
- 比較的最新の所属が反映されるので、異動や昇進もわかります

5.4 そこそこテンプレート

これまで見てきたように申請書に書くべきことはだいたい決まっています。忙しい方や何から書いて良いのか全くわからない方のために、「そこそこ」の内容の申請書を書くためのテンプレートです。そのまま出すことはおすすめしませんが、叩き台にはなるでしょう。

> 研究課題

(1) AAA, BBB, CCC, DDD に研究に関する適当な言葉を入れ、続ける言葉を選択する

AAA（研究対象、研究分野）

AAA における、に着目した、に対応する

BBB（長期的ゴール）

BBB を実現する、を可能にする、のための、を目指した、を包括した、に向（む）けた、を（容易に）するための、を目的とした、を志向した、に資する、を導く、に対する

CCC（短期的ゴール）

【測定・制御する系】	CCC の（特性）評価、の（定量的, 全, 包括的, ～学的）解析、の分析、の制御、の（定式, 数値, 最適, 定量, etc.）化、の計測
【発見・理解する系】	の発見、の探索、の探求、の（総合的, 実態）解明、の解決、の（統一的, 包括的, 統合（的））理解、の同定、の証明、の検証、の実証（分析）、の特定、の比較（研究）、の変容、の動態
【開発・創造する系】	**[0 から 1]** の開発、の開拓、の制作、の創成（製）、の創出、の生成、の（再）構築、の（合理）設計、の確立、の形成、の合成、の作製 **[1 から 10]** （へ）の（臨床, ～学的）応用、の推進、への適用、の（可視, 高性能, 高精度, 明確, 指標, 実用, etc.）化、の拡充、の発展、の（社会）実装、～と～の融合
【提案・挑戦する系】	の（新）展開、の提案、の新機軸、の試み、の検討、の革新、の導出、の解決、への挑戦、の予測、の考案、の再現、の新地平、の実現、の可能性、の再編
【研究のあり方系】	の（分野（領域）横断, 縦断, 実証, 総合, 学際, 多角, 多階層, etc.）的{研究, 探求, 検証, 評価, 解明}
【該当なし】	（体言止め）

第5章　申請書のヒント

- CCC は重ねることが可能です。「XXX の理解と YYY の制御」や「XXX の構築とその体系化」、「XXX と YYY の推進」、「XXX の理解と YYY」、「（〜における）XXX と YYY」など
- かなりの割合で体言止めが用いられています

DDD（研究手法、研究成果）

【CCC と組み合わせる場合】

DDD を用いた、に基づく（いた）、による、を利用した、を応用した、を駆使した、を活用した、を基盤とする（した）、に立脚した、で探る、で創る、から明らかにする、が（で）解き明かす、で読み解く、の視点からの、がもたらす、に着目した、を考慮した、が導く

【CCC と組み合わせず、単独で使用する場合】

CCC で挙げた言葉を適用します

（2）研究課題名のタイプにしたがって、AAA, BBB, CCC, DDD を組み合わせる

研究課題名のタイプについては（3.2）研究課題を参照してください。

まさに出木杉君「方法＆目的＆究極のゴール」型

（DDD ＋ CCC ＋ BBB ／ BBB ＋ DDD ＋ CCC ／ DDD ＋ BBB ＋ CCC）

- iPS 細胞技術を用いた　腫瘍幹細胞のリプログラミングによる　小児難治性肉腫の治療開発
  　　DDD　　　　　　　　　　　　CCC　　　　　　　　　　　　　　BBB
- 作物栽培技術学習のための　多元センシングに基づく　作物栽培知識マップの形成
  　　BBB　　　　　　　　　　　　DDD　　　　　　　　　　CCC
- 水酸化物ナノシートを用いた　エネルギー変換のための　イオン伝導膜及び電極触媒の開発
  　　DDD　　　　　　　　　　　　BBB　　　　　　　　　　CCC

スタンダードな「方法＆目的」型（DDD ＋ CCC）

- タワー観測のネットワーク化による　東南アジアの大気−森林相互作用の解明
  　　　DDD　　　　　　　　　　　　　　CCC
- 計算代数手法に基づく　数理統計学の展開
  　　DDD　　　　　　　　CCC

ひたすら夢を語る「目的＆究極のゴール」型（BBB ＋ CCC）

- 交通ネットワークのリスクマネジメントのための　動的行動・交通流解析理論の構築
  　　　　BBB　　　　　　　　　　　　　　　　　　　　CCC

- 水田の生物がもたらす生態系サービスの賢い利用を導く 技術と社会の総合研究
  　　　　　BBB　　　　　　　　　　　　　　　　　CCC

技術開発万歳「方法論のみ」型（DDD）
- 外国語サイバー・ユニバーシティ用自動弱点型 e ラーニングの総合的研究
  　　　　　　　　　　　DDD
- 交通まちづくりの計画手法に関する研究
  　　　　　DDD

やりたいことをする「目的のみ」型（(AAA ＋) CCC）
- グローバル化と知の時代における 空間経済学の新展開
  　　　　AAA　　　　　　　　　　　CCC
- 3 次元多様体論の深化
  　　　CCC
- 無限次元確率解析の新展開とその応用
  　　　CCC　　　＋　　　CCC

その他のタイプも基本は同じ

　コロン（:）やセミコロン（;）、ダッシュ（—）などで副題をつけるタイプやその他の例外はここでは挙げていませんが、これらも基本的にはどれかとどれかの組み合わせや変形で説明できます。

- 死別悲嘆の医療福祉負荷とその要因解明：大規模日本追跡調査及び国際比較
  　　　CCC　　＋　　　CCC　　　　　DDD　　＋　　DDD
- 高齢社会の社会保障と税の将来インパクト推計；ミクロシミュレーションによる検討
  　　　　　　　CCC　　　　　　　　　　　　　DDD
- 原因不明突然死予防への挑戦—トランスオミックス解析による 死亡分子機構の解明
  　　　BBB　　　　　　　　　　DDD　　　　　　　　CCC

第 5 章 申請書のヒント

学振編

PD 版や海外学振版は https:// 科研費.com/sokosoko-template/ を参照

(申請内容ファイル)

2.【現在までの研究状況】(図表を含めてもよいので、わかりやすく記述してください。様式の変更・追加は不可(以下同様))
① これまでの研究の背景、問題点、解決方策、研究目的、研究方法、特色と独創的な点について当該分野の重要文献を挙げて記述してください。
② 申請者のこれまでの研究経過及び得られた結果について、問題点を含め①で記載したことと関連づけて説明してください。
なお、これまでの研究結果を論文あるいは学会等で発表している場合には、申請者が担当した部分を明らかにして、それらの内容を記述してください。

これまでの研究の背景・問題点

1. ○○は○○○であり、○○○に重要である。これまでの研究から、2. ○○○は○○○であることが明らかになっている一方で、3. ○○○の○○○については未解明のままであった。これは、4. ○○○は○○○という理由により、これまでの方法では○○○することが困難であったためである。そのため、5. ○○○の○○○についての解析は遅れており、○○○の理解は進んでいなかった。○○。

解決方策・研究目的

申請者は、6. ○○○は○○○であることから、○○○することによって、この問題を解決できると考えた(図1)。実際、こうした考え方は、従来の 8. ○○○や○○○とも矛盾せず、○○○をうまく説明可能である。○○○。

そこで本研究は、そこで本研究は、9. ○○○により○○○の○○○を明らかにすることで、○○○の○○○を理解することを目的とする。これにより、10. ○○○が可能となり○○○となることが期待された。○○○。

7. 図1
研究アイデアを説明する図
or
場所をずらして結果1を説明する図でも良い

図の幅は
30〜40%程度
or
100%

研究方法・研究経過および得られた結果

1. ○○○による○○○の解析

11. ○○○は○○○であったが、○○○であった。申請者は、12. ○○○に着目し、○○○により○○○を詳細に解析した。その結果、13. ○○○は○○○であり、○○○であることを明らかにした。さらに、14. ○○○を○○○したところ、15. ○○○であることを見出した。こうした結果は、16. ○○○の○○○が○○○であることを示すものであり、17. ○○○の○○○に道筋をつけた。一連の結果は、18. ○○○で発表した。○○○。

申請者登録名　　科研費　コム

DC

1. これまでの研究分野を理解するための導入（一般的な背景）
2. これまでの研究分野から自分の研究してきた分野へ誘導（専門的な背景）
3. 何がわかっていなかったか（今回の研究で部分的にでも解明できたことを選ぶこと）
4. 3の理由。単に「やられていなかった」「着目されていなかった」だけだと不十分
5. 3による弊害。ここで示す弊害が大きい≒する必要のある研究という構図
6. 3の問題解決のためのアイデアとその根拠
7. 図1。ここでは解決方策（アイデア）の説明に図を使っている。図の説明は必須
8. アイデアがうまくいくと考えられる傍証。机上の空論でないことを示す
9. このアイデアを使って何を示し、何を明らかにするのか（目的）
10. 目的を達成すると，どういった良いことがあるのか（バラ色の未来）
11. この研究を始める前はどのような状況だったのか（何が足りていなかったのか）
12. 着眼点、研究方法1、研究対象1
13. 結果1
14. 研究方法2、研究対象2
15. 結果2
16. 結果1と結果2から導かれる結論1
17. このことは何に役立つと期待されるのか
18. 成果発表1

> **テクニック！** 「これまでの研究の背景・問題点・解決方策」の別例
>
> 　○○○は○○○である。○○○におけるこれまでの研究は、主に○○○に注目して盛んに行われてきた。一方で、○○○については、○○○において○○○といった研究が見られるものの、○○○については積極的に扱われてこなかった。その理由としては、○○○が○○○しにくいためである。
>
> 　申請者はこれまで、○○○について○○○や○○○の観点からの考察を進めてきた。また、○○○を通じて○○○を指摘してきた。こうした研究を通じて、○○○が○○○であることを明らかにした（図○）。○○○では○○○であり○○○である。また、○○○は○○○によって○○○されている。しかし、なぜ○○○では○○○であるのか、そしてこうした○○○は○○○においても見られるのかについては不明であった。
>
> 　○○○は○○○である。つまり、○○○であるために○○○は○○○となる。このことから、申請者は、○○○は○○○ではないかと考え、本研究の着想に至った。

第5章 申請書のヒント

(現在までの研究状況の続き)

2. ○○○への○○○の応用

　19. ○○○の○○○が○○○であったことから、申請者は次に 20. ○○○を解析した。その結果、21. ○○○は○○○である一方で、○○○は○○○であることが明らかとなった（図2）。これにより、23. ○○○は○○○であることを世界で初めて明らかにした。さらに、24. ○○○は○○○であることを見出した。しかし、25. ○○○については○○○であるかどうかは、こうした解析からは明らかにできず、より 26. ○○○を○○○した解析が必要であると考えられた。これらの結果は、27. ○○○で発表し○○○を受賞した。○○。

> 22. 図2
> 研究結果を説明する図
>
> この半ページは狭くなりがちなので、前ページの結果1で図を用いて説明し、ここは図なしでも良い。

特色と独創的な点

　これまでの研究は 28. ○○○が多かった。本研究は 29. ○○○を○○○することで、30. ○○○を解決した点が特色である。また、これを用いた解析から、申請者は 31. ○○○を示し、32. ○○○が○○○であることを世界で初めて明らかにした。これは、従来の 33. ○○○とは異なり、○○○である点で画期的であった。さらに、これまでにも 34. ○○○はあったものの、35. ○○○を○○○する試みは初めてであり、それによって 36. ○○○を可能にした点は非常に独創的である。○○。

3.【これからの研究計画】

(1) 研究の背景

　2. で述べた研究状況を踏まえ、これからの研究計画の背景、問題点、解決すべき点、着想に至った経緯等について参考文献を挙げて記入してください。

これからの研究計画の背景・これからの研究計画の問題点・解決すべき点

　申請者のこれまでの研究から 37. ○○○が○○○であることは明らかとなった一方で、38. ○○○が○○○かどうかについては未解明のままであった[XXX et al., 20XX]。しかし、39. ○○○は○○○だけでなく、○○○といった点からも重要であり、40. ○○○を○○○するためには○○○の理解は不可欠である。○○○。

着想に至った経緯

　41. ○○○の理解には○○○を明らかにする必要があるが、これまでの 42. ○○○では○○○の解析は困難であった。そこで、これまでとは全く逆に、43. ○○○を○○○することで○○○できるのではないかと考えた。実際、44. ○○○を○○○した例では○○○であることから[XXX et al., 20XX]、○○○についても○○○を明らかにできる可能性がある。○○。

申請者登録名　　科研費　コム

DC

19. 研究計画1から得られた結果1もしくは結果2を利用して、研究計画2を行う
20. 研究方法3
21. 結果3
22. 図2。研究結果の説明。前ページに移しても良い
23. 結論2
24. 結果4
25. 未解明のまま残った点。全部解決済みとしないほうがリアル。そしてこれを次の研究計画に使えれば最高。ただし、今は分野変えを要求されるので、そこは柔軟に対応
26. 上記の未解明点の解決方策。言いっぱなしではなく、フォローを入れておく
27. 成果発表2
28. 独創、特色、先進性などは現状の他と比較しての話なので、まずは現状1を説明
29. 工夫した点
30. どこがどう他と違うのかを具体的に
31. 結果のどれかを要約
32. 結論のどれかを要約
33. そのことは、どこがどう凄いのかを具体的に
34. 現状2
35. どこがどう新しいのか
36. それによって何がどうなったのが凄いのか。他には申請者だけが知っている（できる）ことをベースにしているから先進性があるなども書けます
37. これまでの研究を発展させる（延長する）形で書くとこうなる。何を明らかにしたか
38. 一方で何を明らかにできていないか（これこそが、今回の提案でやりたいこと）
39. そのことはどれほど重要なのか
40. この提案する研究を大局的に見たときに、どういう位置づけの研究と言えるのか
41. 何を理解すればゴールと言えるのかをより具体的に
42. なぜこれまでそれが重要であるにもかかわらず解決されてこなかったのかの理由
43. 42に対して、申請者はどういうアイデアを持っているのか
44. そのことがうまくいくと考えられる根拠

第5章　申請書のヒント

(2) 研究目的・内容（図表を含めてもよいので、わかりやすく記述してください。）
① 研究目的、研究方法、研究内容について記述してください。
② どのような計画で、何を、どこまで明らかにしようとするのか、具体的に記入してください。
③ 所属研究室の研究との関連において、申請者が担当する部分を明らかにしてください。
④ 研究計画の期間中に異なった研究機関（外国の研究機関等を含む。）において研究に従事することを予定している場合はその旨を記載してください。

研究目的
　本研究では、45. ○○○の○○○を明らかにすることを目的する（図 3）。さらに、47. ○○○を○○○した○○○を開発することで 48. ○○○を○○○することを目指す。具体的には、以下の3点について解析を行う。○○○。

> 46. 図 3
> 研究計画を説明する図
> 横長でなくとも良いが、あまり、スペースはない。

研究方法・研究内容
計画 1. ○○○の開発と特性評価
　49. ○○○を○○○する○○○の開発を行う。50. ○○○により、○○○を○○○することで、○○○する。申請者の予備実験では、51. ○○○は○○○であることを確認している。そのため、52. ○○○を○○○することで○○○を目指す。さらに、53. ○○○を評価するため、○○○を行う。こうした解析から、54. ○○○を○○○する○○○を明らかにする。○○。

計画 2. ○○○にむけた○○○の最適化
　55. ○○○は○○○である。しかし、56. ○○○を○○○すると○○○となる。そこで、申請は1で開発した 57. ○○○を用いて、○○○の○○○に挑戦する。具体的には、58. ○○○を○○○することで、○○○し、○○○を明らかにする。さらに、この結果を 59. ○○○と組み合わせることで、○○○を○○○することを目指す。○○○○○○○○○○○○○○○○○○○○○○○○○○○○○○○○○○○○○○○。

計画 3. ○○○による○○○の解析
　60. ○○○は○○○であることが報告されており、61. ○○○が○○○であることが示唆されている。そこで、62. ○○○について○○○を作成し、○○○と比較解析することで、○○○を明らかにする（図 4）。さらに、64. ○○○が○○○である可能性もあることから、○○○についても同様の解析を行う。仮に、こうした想定とは異なり 65. ○○○が○○○であった場合でも、○○○についてはすでに予備的ながら結果を得ているため、これを用いて以降の実験を進めることが可能である。

> 63. 図 4
> 研究計画を説明する図

申請者が担当する部分
　上記の研究計画のうち、66. ○○○と○○○については○○○大の研究グループと共同研究を行い、申請者は○○○の部分を担当する。○○○○○○○○○○○○○○○○○○○○○○○○○○○。

申請者登録名　　科研費　コム

－5－

DC

45. 研究目的を短く
46. 図 3。何をするのかが一目でわかるような模式図など。無意味な四角や→は書かない
47. 〜の理解という目的とは別の切り口で、〜の開発などを併記するのも悪くない
48. もう少し挑戦的なことについては、○○○を目指すという形で記載する
49. 具体的にすることを短く（計画 1-1）
50. 49 をもう少し詳しく説明する。研究方法、研究のゴール
51. 予備データがあると、この計画が現実的であることを説得力を持って説明できる
52. 予備データの続きから研究をスタートできる（着実に進んでいる）ことを説明する
53. 計画 1-2
54. 計画 1-1 と 1-2 の結果から何を主張したいのか（仮説、どうなればうまくいったと言えるのか）
55. 計画 2 に関する背景
56. 現状の問題点、未到達点
57. 研究方法と研究対象
58. 57 をより具体的に。「何をどうして何を明らかにしたいのか」の説明
59. より発展的な研究についても言及しておく
60. 計画 3 に関する背景
61. 現状
62. 研究方法と研究対象
63. 図 4。研究計画の説明。研究計画は多すぎると内容が薄くなるし、少なすぎると変化が少なくなるので 3 つくらいが適当。そのうちの 1 つについて図を用いて説明する
64. 研究の結果しだいでの変化についても書いておく。全てが予想通りに行くわけではない
65. 研究がうまくいかない場合についても書いておくと独りよがりでない印象を与えることができる。また、研究が失敗したときのリカバリー方法がないとうまくいかないときにどうしようもなくなる。このように、ここまでは大丈夫というのは強い
66. 共同研究を行う場合は、自分の担当範囲を説明する。個々の計画の中で説明しても良いが、おそらくスペースを余計に消費するだけなので、まとめておくほうが良いかも？

> **テクニック！** 研究の特色・独創的な点に何を書くか
>
> ・自分の研究と似た先行研究があれば、それとどこがどのように違うのか・新しいのか。
> ・類似の先行研究がなければ、なぜないのか。あなたにはなぜその研究ができるのかを技術やアイデアの独自性、蓄積された知見やデータの先進性の観点から語る。
> ・競合する相手や数値といった具体的なデータを示すことも、リアリティがあって良い。

第5章 申請書のヒント

(3) 研究の特色・独創的な点

次の項目について記載してください。
① これまでの先行研究等があれば、それらと比較して、本研究の特色、着眼点、独創的な点
② 国内外の関連する研究の中での当該研究の位置づけ、意義
③ 本研究が完成したとき予想されるインパクト及び将来の見通し

本研究の特色・着眼点・独創的な点

67. ○○○の○○○は未だ開発されていない。本研究は、申請者のこれまでの成果に基づき、独自の発想で 68. ○○○を○○○することで○○○を開発する点に特色を持つ。さらに、申請者はすでに世界初となる 69. ○○○のプロトタイプを完成させており、こうした先進性も本研究の大きな特徴である。また、70. ○○○による○○○はこれまでとは全く異なる概念であり、本研究はこれに基づき○○○の○○○を明らかにしようとする点で高い独自性と独創性を有している。

当該研究の位置づけ・意義

71. ○○○は○○○であるとされてきたが、その意義については不明であった。本研究は、72. ○○○を通じて○○○の○○○を明らかにすることで○○○を理解するものである。これにより、73. ○○○の役割やそれが持つ意味についても理解が進むと期待される。

本研究が完成したとき予想されるインパクトおよび将来の見通し

74. ○○○は○○○である。75. ○○○を○○○するためには○○○する必要があり、○○○の課題である。本研究で開発する 76. ○○○を用いることで○○○を示すことができれば、○○○の重要な手がかりとなる。また、本研究で作成する 77. ○○○は、○○○や○○○にも応用が可能であり、関連分野にも大きなインパクトをもたらすと期待される。

(4) 年次計画

申請時点から採用までの準備状況を踏まえ、DC1 申請者は1～3年目、DC2 申請者は1～2年目について、年次毎に記載してください。元の枠に収まっていれば、年次毎の配分は変更して構いません。

（申請時点から採用までの準備）

・計画1：78. ○○○について研究に着手する。79. ○○○を○○○することで○○○を明らかにする。また、80. ○○○により○○○や○○○の○○○を解析する。○○○。

・計画2：実験条件を決定するため、予備的に 81. ○○○を行う。得られた結果から、82. ○○○を○○○する条件を明らかにし、○○○規模での実験の準備にとりかかる。○○。

（1年目）

・計画1：前年度から引き続き、83. ○○○を行う。84. ○○○についても○○○を行う。85. ○○○が○○○である時には○○○を利用することも検討する。○○。

・計画2：前年度までに明らかにした条件を用いて、86. ○○○を行い、○○○を明らかにする。87. 仮に十分な精度が得られない場合は、○○○についても検討を行う。○○。

（2年目）

・計画1：これまでの開発結果を統合し、88. ○○○の特性を評価する。主に、89. ○○○および○○○、○○○の3点について評価を行う。○○。

・計画2：前年度に続き、90. ○○○の最適化に取り組む。最適化戦略として 91. ○○○を想定しているが、○○○の有効性を示す報告もあることから、こちらについても検討を行う。○○。

申請者登録名　科研費　コム

－6－

DC

67. これからの研究計画の特色なので、現状の問題点の解決、さらなる前進が対象
68. 解決のアイデアと何をどうするのか
69. すでにアドバンテージがあるという「先進性」も特色の1つ
70. 独創的である、独自であるというのは誰でも書けるので、具体的にどこがどのように独創的、独自なのかを記載する。多くの場合はアイデア（着想）について書くことになる
71. 現状を整理する
72. 71 に対して、この研究はどういう位置づけなのか
73. またそのことはどのような意義があるのか（インパクトに近いが、自分の研究分野の中でのインパクトというイメージ）
74. 現状（71 より広い視点で）
75. 自分の狭い研究分野だけでなく、より広い視点で周りを見たときに問題点は何か
76. どうすれば完成したと言えるのか、それによって何が変わる・示せるのか
77. 周辺分野やさらに異分野に対しても影響がある＝大きなインパクトを持つ、という構図
78. 手始めに何をするのか1
79. 78 を具体的に説明する
80. 手始めに何をするのか2
81. 研究計画そのものを採択前にできるなら、お金はいらないことになるので、この段階ではあくまでも予備的な研究をすることになる
82. とはいえ、採用されたときにスムーズに研究にとりかかれるようにしておくことを示す
83. 実際には1年弱では終わらないので、初年度は引き継がないといけない。逆に採用前の1年弱で何かを明らかにしてしまうと、お金がなくてもできるやん、みたいになる…
84. さらに、発展的なこともする
85. 条件分岐にも対応する
86. 何をし、何を明らかにするか。前年度の結果を利用して、何かをすると書くのも計画の流れに必然性を与え、着実な前進を予期させるので良い。ただし、この場合、手堅い研究の結果を前提とするのは良いが、挑戦的な研究の結果を前提とするのは危険なのでダメ
87. うまくいかない場合の対応を書いておくと計画に厚みが出る
88. 何をするのか
89. 88 を具体的に説明する
90. 基本は前のものを引き継ぎつつ発展させる。年度ごとにスパッと切り分けられるとは誰も思っていない
91. 条件分岐にも対応する

第 5 章 申請書のヒント

> (年次計画の続き)
> ・計画 3：これまでに明らかにした成果を利用して 92. ○○○の解析に着手する。93. ○○○は○○○することで○○○し、○○○する。くわえて、94. ○○○や○○○についても解析を行う。○○○。
>
> (3 年目)(DC 2 申請者は記入しないでください。)
> ・計画 1：95. ○○○の有効性を検証する。さらに、96. ○○○を用いた○○○から○○○を行う。97. ○○○が○○○である時には○○○を利用することも検討する。
> ・計画 2：十分な数の 98. ○○○について解析を行うことで、99. ○○○が○○○であることを証明する。さらに、100. ○○○を○○○した場合についても同様の解析を行う。○○○○○○○○○○○○○○○○○○○○○○○○○○○○○○○○○○○○。
> 101. 以上の成果をまとめ、学会で発表すると共に論文を投稿する。

(5) 人権の保護及び法令等の遵守への対応

　本欄には、研究計画を遂行するにあたって、相手方の同意・協力を必要とする研究、個人情報の取り扱いの配慮を必要とする研究、生命倫理・安全対策に対する取組を必要とする研究など法令等に基づく手続きが必要な研究が含まれている場合に、どのような対策と措置を講じるのか記述してください。例えば、個人情報を伴うアンケート調査・インタビュー調査、国内外の文化遺産の調査等、提供を受けた試料の使用、侵襲性を伴う研究、ヒト遺伝子解析研究、遺伝子組換え実験、動物実験など、研究機関内外の情報委員会や倫理委員会における承認手続きが必要となる調査・研究・実験などが対象となりますので手続きの状況も具体的に記述してください。
　なお、該当しない場合には、その旨記述してください。

該当しない

or

　本研究は国際的なガイドラインである「○○○ガイドライン」に従い、受入研究施設および国の倫理指針を遵守して個人情報の保護に努める。事前に施設の倫理委員会の承認を得た上で、研究対象者からは文書による同意を得た上で研究を行う。申請者は海外での受入研究施設にて研究を開始しており、本研究計画はすでに受入研究施設の倫理委員会において承認が得られている（承認番号○○○）。

or

　○○○に関するアンケート調査を実施するが、氏名などの個人情報を削除し、匿名化した後に分析を行う。アンケート協力者には、調査実施前に研究目的やアントート結果の利用方法について、研究者から十分に説明し、書面で同意を得た上で行う。個人情報を含む書類は必要な年限保存した後、専門業者に依頼し、適切に処分する。なお、上記の調査の際には、○○○大学の「○○○ガイドライン」に準じて対応する。

申請者登録名　　科研費　コム

DC

---

92. 何をするのか 1
93. 審査員が「○○○はどうするの？」と質問しそうな事柄については予め答えておく
94. 何をするのか 2

95. 最終年度はまとめにかかる。2年間の場合はすぐにまとめに入らないといけないので、計画はあまり大きくできないが、小粒にもできない。難しい
96. 具体的にどうするのか
97. うまくいかない場合の対応も書いておく。ただし、この見本では少し書きすぎかも⁉ 全部に書いてしまうと逆にくどいので、3回に1回くらいでも良いと思う。バランス
98. 何を対象とするか。十分な数→具体的な数字のほうが、説得力が出る。まさにレモン10個分の世界
99. 何がわかれば（示せれば）嬉しいのかを説明する
100. 条件分岐にも対応する
101. お約束。学生の場合はこれくらいだが、教員ならHP、公開講座、サイエンスカフェなどを書いても良いかも

申請書の8ページ目【研究成果等】については、若手研究編 p.126, 127 とほとんど同じなので、そちらを参照してください。

> **テクニック！** 前向きに書く
>
> ものは言いようです。(4.3.6) 否定表現は肯定表現に変えるにもあるように、同じ事象を指していても言い方しだいで読み手の印象は大きく異なります。
>
> **分野を変えたので関連業績がなく、これまでの研究とこれからの研究につながりがない**
>
> 　全く別物と考えずに、何かしらの共通点を探る。手法や考え方は一緒ではないか？以前の分野と現在の分野を融合した研究は可能か？
>
> - AAA の研究は主に BBB の観点からなされており、CCC の観点からこれを捉えた研究はほとんど存在しない。しかし、DDD といった理由から CCC の観点で AAA を研究することで EEE が明らかになると想定される。申請者は CCC の専門知識を有していることから、……
>
> **業績が少ない**
>
> - 申請者はこれまで AAA を BBB するという時間のかかる調査（研究）に粘り強く取り組んできた。その結果、CCC 年 CCC 月に全データを得ることができた。予備的な解析では申請者の想定通り、DDD であることが示せる見込みであることから、今後 EEE を行うと共に、成果を発信していく。
> - こうした結果については AAA 年 AAA 月に国際 BBB 学会に発表を予定していると共に、CCC を目処に論文としても投稿を予定している。（学振は「発表済みに限る」とあるので、業績欄には書かずに、本文や自己評価でアピールする。）

第5章 申請書のヒント

5.【研究者を志望する動機、目指す研究者像、自己の長所等】
　日本学術振興会特別研究員制度は、我が国の学術研究の将来を担う創造性に富んだ研究者の養成・確保に資することを目的としています。この目的に鑑み、申請者本人の研究者としての資質、研究計画遂行能力を評価するために以下の事項をそれぞれ記入してください。
① 研究者を志望する動機、目指す研究者像、自己の長所等
② その他、研究者としての資質、研究計画遂行能力を審査員が評価する上で、特に重要と思われる事項（特に優れた学業成績、受賞歴、飛び級入学、留学経験、特色ある学外活動など）

研究者を志望する動機・自己の長所など
　102. ○○○を明らかにすることは、申請者自身の知的好奇心を満たすだけでなく、人類の知の発展に貢献できると考えている。この目的を達成するため、申請者は研究者への第一歩として日本学術振興会特別研究員になることを志望する。申請者は 103. ○○○の頃より、○○○に興味を持ち、○○○の時に始めた○○○の研究はまさに申請者が興味を持っている○○○を扱う内容であった。104. ○○○は○○○でもあり、そのおもしろさや学問的な重要性については認知されつつあるものの、○○○であり、○○○である。申請者はこの分野を極め、国内における 105. ○○○の発展を通じて自己実現を目指したいと考えている。○○○○○○○○○○○○○○○○○○○○○○○○○○○○。
　106. ○○○は○○○であるため、○○○についての幅広い知識と深い洞察を必要とする。さらに、日進月歩である同分野で最先端の研究を行うためには、常に新しい視点を持って研究を進める必要がある。107. 申請者は必要となる深い知識と柔軟な視点を備えている。実際、申請者は 108. ○○○において、○○○し、論文として発表済みである。このことは申請者の発想の独創性および高い技術力、深い知見を示す証左であると考えている。○○○。

目指す研究者像
　申請者は、多様な研究分野に関心を持つことで研究の可能性を狭めないこと、常に新たな技術・知識を吸収し続け従来の考え方に縛られないことが、研究を進める上で重要であると考えている。具体的には、
・109. ○○○にとらわれず、○○○・○○○・○○○・○○○・○○○といった幅広い分野の研究者と活発な議論を交わすための、深い知識に裏付けられた積極性と好奇心を持つ研究者
・110. 得られる多角的な視点を日々の研究に活かすためのアイデアと新たな可能性を考慮することができる柔軟な思考を持つ研究者
を目指す研究者像としている。そのために、様々な学会・研究会への参加・交流および多様な分野の論文を読むことを通じて、今後も申請者の持つ能力を伸ばしていきたい。

評価をするうえで、特に重要と思われる事項
　申請者は、111. ○○○時に○○○に筆頭著者として論文を発表した [XXX et al., 20XX]。この論文では 112. ○○○を○○○することで○○○を明らかにしており、本研究計画における重要な基盤技術となっている。この 113. ○○○を○○○ためには○○○あったが、申請者のもつ粘り強さによって一つ一つ○○○した。また、○○○が○○○という問題点については、○○○することで解決した。同僚や教員・学会などで関連する発表を行う様々な研究者などに積極的にアドバイスを求めたことでコミュニケーション能力が向上し、研究を行い論文にまとめる経験は今後も研究を行う中で大きな自信となった。さらに、この経験を通じて、114. ○○○や○○○についても学ぶことができた。
　申請者は 115. ○○○のみならず、○○○である○○○や○○○に参加し、積極的にコミュニケーションをとってきた。また、○○○にも積極的に参加し、研究者だけに限らず様々な人物とのコミュニケーションをとってきた。このようにして広がった人脈と知識は本研究計画の立案にも活かされており、今後もこのスタンスを貫いていきたい。○○○。

申請者登録名　　科研費　コム

DC

102. 自分の興味は、すごく広い視点で見たときにどこにあるのか。あまりに狭いと専門バカになってしまうので、かなり広めに視点を設定する
　　例：動物の環境応答、量子レベルでの○○○の振る舞い、人間の感性とは何かを知ること、文化人類学を通じて人間とは何かを明らかにすること、etc.

「研究を志望する動機・自己の長所」基本構造は、以下の通りです。

わいは◯◯◯に興味があるねん → それを明らかにすることで自分も世界もハッピーになれる → その目的を達成するために学振が欲しい → けど、学振だけではダメで、それを実現するには◯◯◯がいるんや…… → けど、わいはそれを持っとるで → だから、あとは学振に通してくれるだけでええねんで

103. その興味の対象に関わることをしてきたエピソード（昔から興味ありますよ）
104. 重要なんだけど、まだまだわかっていないことだらけの分野なんです
105. ちょうど自分の興味とも一致するので、この分野で頑張りたい。学振は税金から支払われるので、一応、国内の科学に貢献するアピールもネジこんでおきます
106. 希望する分野で何かをなすためには好き・興味があるだけではダメで、知識や洞察（他のものでも可）が必要である（知識・洞察なら大抵の分野で言えるので便利）。それはなぜか？について説明する

    例：複数の領域にまたがっているから、日進月歩の分野だから、外国・他分野とのコミュニケーションが必須だから、etc.

107. 106で指摘した能力を申請者は有していることをアピール
108. 107のように言えるのはなぜか。根拠を示す
109. 106で指摘した能力をさらに伸ばす方向で必要な資質を書く
110. 同上。この手のことは大学などのHPとかにアドミッションポリシーとして書いてある。いくつか見て、自分がビビッと来たものを書く。ただし、106で指摘した能力、ここ（109, 110）と114, 115が一致していないといけない
111. アピールポイント。なるべく学術的なことを書く。バイト・サークルで頑張ったなどは書かないほうがまし。授業を頑張ったのは微妙（学生の本文は勉強なので、頑張って当然だが、これは凄い！となるレベルまで頑張ったのならOK）
112. 111を詳しく説明する。また、そのことが、今回の申請やこれからの研究に生きていることを示す
113. どこをどのように頑張ったのかを具体的に。研究は大変であるという前提があり、ここでこのように頑張ったから、研究でも同様に頑張れる（だから私に学振くれ）というロジックが背景にある
114. 黒字だがその前文も含め、頑張ったことで得た能力を示す。自分が思う、研究者に必要な能力を順調に獲得しているアピールなので、106や109, 110と一致している必要あり
115. 同上。1つだけでは物足りないので、2つくらいエピソードがあると良い

第5章　申請書のヒント

> 若手研究編

基盤・挑戦的研究などは https:// 科研費.com/sokosoko-template/ を参照

様式S−21　研究計画調書（添付ファイル項目）

若手研究1

1　研究目的、研究方法など

> 本研究計画調書は「小区分」の審査区分で審査されます。記述に当たっては、「科学研究費助成事業における審査及び評価に関する規程」（公募要領109頁参照）を参考にすること。
> 本欄には、本研究の目的と方法などについて、3頁以内で記述すること。
> 冒頭にその概要を簡潔にまとめて記述し、本文には、(1)本研究の学術的背景、研究課題の核心をなす学術的「問い」、(2)本研究の目的および学術的独自性と創造性、(3)本研究で何をどのように、どこまで明らかにしようとするのか、について具体的かつ明確に記述すること。

（概要）

1. ○○○は○○○である。しかし、2. ○○○の○○○は○○○であることから、3. ○○○という問題があり、これによって4. ○○○の○○○は未だ明らかになっていない。申請者はこれまでに、5. ○○○を○○○することで、○○○を明らかにしてきた。さらに、6. ○○○が○○○であることから、申請者は、7. ○○○を○○○することで、○○○における○○○を明らかにできるのではないかと考えた。そこで本研究では、8. ○○○を○○○することで、○○○を○○○することを目的とする。これにより、9. ○○○の○○○が○○され、10. ○○○に○○○することが期待される。○○。

（本文）
本研究の学術的背景と研究課題の核心をなす学術的「問い」

11. ○○○は○○○である。12. ○○○は○○○であるため、○○○に重要である。しかし、13. ○○○は○○○であるため、これまで14. ○○○を○○○することは困難であった。○○。そのため、15. ○○○は○○○の律速となっている。○○。

最近になって、16. ○○○の○○○については、○○○や○○○など、いくつか報告されているが、17. ○○○については依然として不十分であった。申請者らは、18. ○○○を○○○し、○○○を○○○した（図1）。○○。その結果、

- 20. ○○○は○○○であること、○○○○○○○○○○○○○○○○○○○○○○○○○○○○○○○○○○○

- 21. ○○○は○○○を介して○○○に関わっていること、○○○○○○○○○○○○○○○○○○○○○○○○○

- 22. ○○○は○○○であること、○○○○○○○○○○○○○○○○○○○○○○○○○○○○○○

を明らかにした。

---
19. 図1
これまでの研究成果がわかるような模式図など
---

1. 背景。概要なので、あまり一般的な背景から丁寧に説明する余裕はないが簡単に
2. 今回の研究に関する背景を説明。ここで一気に自分の研究領域へと引き寄せる
3. 問題点の提起。ここも余裕がないので短く本質的な点を指摘する
4. 3 の問題によって、どのような不都合・不便があるのかを具体的に
5. 自分がやってきたことの説明。なぜ「申請者」がこの研究をするのにふさわしいのか
6. 問題の解決策の根拠。自分のデータでも良いし、他人の結果との合わせ技でも良い
7. 今回、提案する研究のアイデア。詳細は後で説明できるので、何をどうするかの概要
8. もう少し具体的に何をするかに落とし込む
9. この研究により何が明らかになると期待されるのか
10. そのことにより、どのようなメリットがあると思っているのか
11. 申請者の研究分野を含む、広い分野の背景
12. それが重要な研究であることの説明
13. 問題が未解決であることの原因として何を想定しているのか
14. 何が問題なのか（自分の研究分野に関する問題点）
15. それにより、どのような弊害があるのか
16. 今回の研究対象となる分野で何がわかっているのか、これまで何がなされてきたのか ここでしっかりと論文を引用して説明することで、「巨人の肩の上に立っている」ことを示し、独りよがりでないことをアピールする
17. 未解決の問題は何か（分野として重要で弊害もあるなら解く価値がある、という理屈）
18. 多くの場合、これまでの延長線なので、これまでにこの分野での貢献を書く
19. 図 1。横長でなくとも良いが、何を明らかにしたのかが明快であること、それらの結果は今回の研究計画とどのように関係するのかを示すこと、がポイント
20 〜 22. 済んだことなので、ダラダラと述べてもしょうがない。箇条書きで要点だけを書く。特に、今回の研究とどう関わってくるのかがわかるようにポイントを絞る。論文などが発表されているのなら、ここで引用しアピールしておく

若手研究2

【1　研究目的、研究方法など（つづき）】
　これらの結果は、23. ○○○が○○○であることを強く示唆するものであった。○○○。そこで申請者は「24. ○○○は、○○○であるのか」を本研究の学術的な「問い」として設定した。25. 具体的には以下の3点について明らかにする。○○○○○○○○○○○○○○○○○○○○○○○○○○○○○。

（1）研究計画1
　これまで、26. ○○○は○○○であった。そこで、27. ○○○における○○○の○○○を明らかにする。○○○○○○○○○○○○○○○○○○○○○○○○○○○○○○○○○○○○○○○

（2）研究計画2
　28. ○○○を○○○して○○○する。さらに、29. ○○○について○○○を○○○する。これによって、30. ○○○が○○○であることを示す。○○○○○○○○○○○○○○○○○○○○○○

（3）研究計画3
　31. ○○○は○○○であり、○○○である。申請者は、32. ○○○の○○○を○○○し、○○○を○○○する。さらに、33. ○○○についても○○○する。○○○○○○○○○○○○○

本研究の目的および学術的独自性と創造性
　こうした学術的「問い」に答えるため、本研究は、34. ○○○を○○○することで○○○を○○○することを目的とする（図2）。本研究は、申請者のこれまでの研究成果に基づき、36. ○○○における○○○を○○○の観点から捉えようとする点で非常に独創的である。申請者は37. ○○○に関してすでに○○○といった成果を上げており、また、38. ○○○についても○○○を可能とする○○○を有している。39. ○○○を行う上でもこうした○○○は欠かせないことから、本研究は世界にさきがけて40. ○○○を明らかにするものである。○○○。
　41. ○○○は○○○であることから、42. ○○○を○○○することは○○○にとって非常に重要である。○○○○○○○○○○○○○○○○○○○○○○○○○○○○○○○○○。43. また、○○○は○○○や○○○にも応用できると期待される。○○○○○○○○○○○○○○○○○○○○○○。そのため、本研究で44. ○○○を明らかにすることで、○○○を○○○する足がかりになると期待される。○○○○○○○○○○○○○○○○○○○○○○○○○。

35. 図2
本研究の目的がわかるような図

23. 先の結果から何が言えるのか・予想されるのか（この予想を証明することになる）
24. 予想をもう少し具体的に言い換える
25. 何を示すことができれば、この予想を証明することができるのか、という観点から研究計画を3つに絞る（2つや4つ以上でも良いがバランスを考えると3つがそこそこ）。ここで提示する研究計画1～3の数字は後の「何をどのように・どこまで」と対応
26. 研究計画1に関する背景
27. 何をするのかの説明。どこまでするのか（何がわかれば嬉しいのか、何がわかればわかったと言えるのか）は後で書くのでここでは不要
28. 研究計画2に関する背景
29. 何をするのか
30. 研究計画1とは異なり、29ですることの意味を補足している。「何をするか」が持つ意味が審査員にとって自明でないと思うのであれば、このような補足を入れる
31. 研究計画3に関する背景
32. 何をするのか1
33. 何をするのか2。このように、関連する複数のものをまとめるのも良い。計画間の分量のバランス（均等が良いわけではない）を見ながら統廃合し、3つにまとめる。解析方法で分類してダメなら、解析対象で分類してみる、など
34. 研究計画1～3をまとめて、何をどうするのか。24が目的に主眼を置いているとすると、ここはそのための手順を重視している
35. 図2。一目で何をどうするのかがわかるように。四角と矢印を多用したフローチャートや意味のないベン図などはまさにスペースの無駄
36. 本研究のオリジナリティ（独創性）はどこにあるのか。アイデアに求めると楽
37. ここでは技術の先進性も独自性の一種であると考え、申請者の技術力の証明
38. 他の人にはできない何か・持っていない何かがあることで有利である＝「私」がこの研究をするのにふさわしい、という理屈
39. 意味のないアドバンテージではしょうがないので、当該研究において重要なアドバンテージであることを示す
40. 何を明らかにするのか。その対象こそが新しい（独自である）という考え方
41. 今回の研究に関する背景
42. 今回の研究の重要性。重要な問題を扱っている、だから創造的です、という理屈
43. 自分の研究領域だけでなく、周辺領域にまで良い効果がある。さらに創造的！
44. 何がどのように良い影響を与えるのかを具体的に。想像力はたくましく、けど言いすぎない（～と期待される。～の足がかりになる。～がさらに進むと予想される。）

若手研究3

【1　研究目的、研究方法など（つづき）】
本研究で何をどのように、どこまで明らかにしようとするのか
45. 令和元年-令和二年前半までの計画
46. （1−1）〇〇〇の解析
　47. 〇〇〇について、〇〇〇を行う。これにより、48. 〇〇〇が〇〇〇であることを明らかにする。また、仮に49. 〇〇〇が〇〇〇であった場合は、〇〇〇や〇〇〇についても試す。〇〇〇

50. （1−2）〇〇〇を用いた〇〇〇の定量
　51. 〇〇〇を〇〇〇し、〇〇〇する（図3）。53. 〇〇〇の後、〇〇〇および〇〇〇、〇〇〇について〇〇〇や〇〇〇を用いて〇〇〇を〇〇〇する。これらの結果から、54. 〇〇〇における〇〇〇を明らかにする。〇〇〇

52. 図3
研究計画1−2の概要

（2−1）〇〇〇における〇〇〇の役割の解明
　55. 〇〇〇について、〇〇〇を行う。これにより、56. 〇〇〇が〇〇〇であることを明らかにする。また、仮に57. 〇〇〇が〇〇〇であった場合は、〇〇〇や〇〇〇についても試す。〇〇〇

58. 令和二年後半以降の計画
（2−2）〇〇〇を用いた〇〇〇の定量
　〇〇〇を〇〇〇し〇〇〇する。〇〇〇の後、〇〇〇および〇〇〇、〇〇〇について〇〇〇や〇〇〇を用いて〇〇〇を〇〇〇する。これらの結果から、〇〇〇における〇〇〇を明らかにする。〇〇〇

　（3−1）〇〇〇を用いた〇〇〇の定量
　〇〇〇を〇〇〇し〇〇〇する。〇〇〇の後、〇〇〇および〇〇〇、〇〇〇について〇〇〇や〇〇〇を用いて〇〇〇を〇〇〇する。これらの結果から、〇〇〇における〇〇〇を明らかにする。〇〇

　（3−2）〇〇〇を用いた〇〇〇の定量
　〇〇〇を〇〇〇し〇〇〇する。〇〇〇の後、〇〇〇および〇〇〇、〇〇〇について〇〇〇や〇〇〇を用いて〇〇〇を〇〇〇する。これらの結果から、〇〇〇における〇〇〇を明らかにする。〇〇〇〇〇〇〇〇〇〇〇〇〇〇〇〇〇〇〇〇〇〇〇〇〇

45. 研究計画を期間ごとに書く。通常は年度単位だが、必ずしも年度ごとでなくても良い（よりリアル）。また、研究計画ごとの分類もあり。その場合は、何をどれくらいのタイミングで行うかを説明するようなスケジュールを用いても良い
46. 研究計画 1-1。27 の内容がある部分。このように計画を複数に分割しても良い。計画の順は基本的には手をつける順のほうが読んでいて自然
47. 何をするかを簡単に説明。細かすぎる説明は分野の専門家でないと理解できない
48. 何を明らかにするのかを具体的に。何がわかればうまくいったと言えるのか
49. うまくいかない場合についても言及しておくことで計画に厚みを持たせる
50. 研究計画 1-2
51. 何をするかを簡単に説明
52. 図 3。無理に図を用いる必要はないが、図を用いて視覚的に説明したほうがわかりやすいケースも多い。図を用いる場合は必ず本文中で引用すること
53. 51 を詳しく説明
54. 53 の結果、何が言えると考えているのかを明確にする
55 〜 57. 研究計画 2 についても同様。研究計画ごとに 0.3 行くらいの空行を入れると個々の研究計画が視覚的にも区別しやすい
58. 大見出しの前は 0.5 行くらい空けることで、より大きな単位であることを明示。以降についても、それぞれの研究課題で書くことはだいたい同じ。全ての項目についてうまくいかない場合や、結果の条件分岐を書く必要はないが、いくつか書いてあると、そういった点にまで気を配っているよく練られた計画という評価につながる。図については 2 個程度。多すぎると本文のためのスペースが減り説明しきれない

若手研究 4

2 本研究の着想に至った経緯など

本欄には、(1)本研究の着想に至った経緯と準備状況、(2)関連する国内外の研究動向と本研究の位置づけ、について1頁以内で記述すること。

研究の着想に至った経緯と準備状況

申請者らはこれまでの研究から、59. ○○○が○○○であることを明らかにしている。このことは、60. ○○○は○○○であることを示唆しており、実際、61. ○○○においても同様の現象が示されつつある。さらに、62. ○○○は○○○であることも、こうした考えを支持するものである。こうしたことから、申請者は63. ○○○を○○○することで、○○○における○○○を明らかにできると考え、本研究計画を立案した。○○。

申請者はすでに一部についてはすでに研究に着手しており、予備的な結果ながら、64. ○○○が○○○であることを見出している。このことは、申請者の予想が概ね正しいことを示すものである。65. ○○○については、○○○%ほどのサンプルを収集済みであり、研究開始時期までには○○○程度が集まる見込みである。また、66. ○○○に必要な○○○や○○○については、すでに所属研究機関に設置されており、速やかに研究に取り掛かることが可能である。67. ○○○についてはすでに共同研究者との打ち合わせを○○○回行っており、○○○を○○○することに全く問題はない。○○。

関連する国内外の動向と、本研究の位置付け

これまで68. ○○○については○○○や○○○といった方法で○○○を明らかにしようとする研究が主流であった。これにより、69. ○○○については理解が飛躍的に進み、○○○や○○○といった重要な結果が得られている。また、別のアプローチとして、70. ○○○を用いた○○○についてもいくつかの報告があり、○○○が示されている。しかし、71. ○○○を○○○の側面から明らかにしようとする試みは、ほとんどなされてこなかった。これは、72. ○○○が○○○であることや、○○○であることが理由だと考えられた。○○○。

これに対して、本研究は73. ○○○によって○○○を可能にし、○○○を明らかにすることを目指すものである。これによって、74. ○○○と○○○の関係がより明快となり、○○○における○○○の理解がより一層進むと期待される。さらに、75. ○○○を明らかにすることで、○○○や○○○などの分野に対しても○○○に関する重要な知見を提供することが可能となる。○○。

59. 申請者のこれまでの研究を紹介。論文があるならここでもアピール
60. そうした研究が持つ意味を説明
61. そうした研究結果・研究アプローチなどの有効性を客観的に示す証拠・傍証 1
62. そうした研究結果・研究アプローチなどの有効性を客観的に示す証拠・傍証 2。何かを主張する際に 2 つくらい例示しておくと、新しい主張をしやすくなる（2：1 の法則）
63. 研究目的
64. この方向性での研究計画がうまくいく証拠として、予備データがあると強い
65. 現在の進捗状況。具体的な数字を交えながら説明できると、進んでいる感が出る
66. 設備・資料などの準備状況
67. 共同研究者がいるなら、その準備状況についても言及しておく
68. これまで、申請者の分野ではどのように研究が進められてきたか
69. まずは、うまくいっている部分について、論文を引用しながら素直に褒める 1
70. うまくいっている部分を褒める 2
71. しかし、これらのアプローチは万能ではないこと、それらでは明らかにできないことがある、という指摘。もしくはあるケースについては間違っていた、など
72. 71 でうまくいかない理由が説明できると、書きやすい（理由を解決すれば良いだけなので）
73. 72 で指摘したうまくいかない理由を解決するためのアイデアが申請者にはありますよ、宣言
74. 71 が解決できると、どのような良いことがあるのかの説明
75. 自分の研究分野だけでなく、周辺分野にもインパクトを与える良い研究であることを示す

第5章 申請書のヒント

応募者の研究遂行能力及び研究環境

いわゆる業績欄ですが、より多様な業績を書けるようになりました。

若手研究5

3 応募者の研究遂行能力及び研究環境

本欄には応募者の研究計画の実行可能性を示すため、(1)これまでの研究活動、(2)研究環境(研究遂行に必要な研究施設・設備・研究資料等を含む)について2頁以内で記述すること。
「(1)これまでの研究活動」の記述には、研究活動を中断していた期間がある場合にはその説明などを含めてもよい。

これまでの研究活動
76. 2018年4月―現在に至る　助教・○○○大学　○○○研究科
77. 「○○○を用いた○○○の開発」
　78. ○○○は○○○である。79. ○○○の○○○は○○○という点で○○○であった。申請者は80. ○○○を○○○することで、○○○を明らかにすることに取り組んでいる。○○。
　81. これらの成果の一部はすでに査読付き国際誌に掲載されると共に、○○○学会○○○賞を受賞した。さらに、本研究課題を着想する基盤となった82. ○○○については論文投稿中である。○○○○○○○○○○○○○○○○○。

2016年4月―2018年3月　日本学術振興会 特別研究員（PD）・○○○大学　○○○研究科
「○○○を用いた○○○の開発」
　83. ○○○の○○○研究に博士研究員として従事した。84. ○○○の○○○は○○○という点で○○○であった。申請者は85. ○○○を○○○することで、○○○を明らかにすることを目的に○○○を行った。その結果、86. ○○○は○○○であることを明らかにした。また、87. ○○○と○○○が○○○であることを見出した。○○○。
　これらの成果は査読付き国際誌に掲載されると共に、○○○学会○○○賞を受賞した。

2013年4月―2016年3月　博士後期課程・○○○大学　○○○研究科
「○○○を用いた○○○の開発」
　88. 申請者は○○○大の○○○教授の下で○○○における○○○の解析に取り組んだ。それまで89. ○○○は○○○であったが、申請者は90. ○○○と○○○によって○○○を乗り越え、○○○を明らかにすることに成功した。これにより、91. ○○○が○○○であることを世界で初めて発見した。こうした結果は、92. ○○○の○○○への○○○道筋をつけると期待された。○○○○○○○○○○○○○○○○○○○○○○○○○○○○○○○○○○○。
　研究成果は査読付き国際誌に掲載されると共に、○○○学会○○○賞を受賞した。○○○○○○○○○○○○○○○○○○○○○○○○○○○○。

研究環境（研究遂行に必要な研究施設・設備・研究資料等を含む）
　本研究の遂行に必要な93. ○○○および○○○、○○○は所属機関の共通機器として利用可能である。94. ○○○するための装置については新規に取得する必要があるが、設置場所や電源の規格等の検討はすでに終えている。さらに、95. ○○○については○○○大の○○○博士との共同研究を予定しており、すでに研究計画について綿密な打ち合わせを行っている。申請者は他に、96. ○○○の研究に従事しているが、本研究に係るエフォートは十分に確保しており、この範囲内で本研究の遂行は十分に可能である。○○。

76. 現在の所属と在職機関
77. 現在の研究課題名
78. 現在の研究の背景
79. 研究の問題点
80. どんな研究をしているのか。現在の研究課題についてなので、現在形で書く
81. 発表済みの研究成果
82. 現在進行形の研究成果
83. 当時の身分・所属
84. 研究の問題点。この辺はほぼ同じ
85. 過去の研究課題についてなので、過去形で目的を書く
86. 得られた結果 1
87. 得られた結果 2
88. 当時の身分・所属
89. 問題点
90. 努力アピールをちょいちょい混ぜても良い
91. 世界初などの言葉を交え（本当ならば）、研究成果をアピールする
92. 他分野へのインパクトについても簡潔に示す
93. すでに利用可能な状態にある → だから本研究は実行可能である
94. 場所も電気もある → 科研費が通ったら、ものを買ってすぐに実行可能である
95. 共同研究の打ち合わせもすでに行っている → いつでも始められる状態である
96. 別プロジェクトの専従義務があるが、最良の範囲で最大限を割いている

第 5 章　申請書のヒント

若手研究 6

【3　応募者の研究遂行能力及び研究環境（つづき）】

研究業績

(1) 学術雑誌等（紀要・論文集等も含む）に発表した論文、著書

1. **Kakenhi C.**, Xxxx X., Yyyy Y. How to Write a Winning Grant Proposal. *Kakenhi Com.* 12, 456-458 (2019). 査読あり
2. **Kakenhi C.**, Xxxx X., Xxxx X., Xxxx X., Yyyy Y. How to Write a Winning Grant Proposal. *Kakenhi Com.* 12, 456-458 (2019). 査読なし
3. Xxxx X.*, **Kakenhi C.***, Xxxx X., Xxxx X., Yyyy How to Write a Winning Grant Proposal. *Kakenhi Com.* 12, 456-458 (2019). 査読あり　* These authors contributed equally
4. **Kakenhi C**, Xxxx X, Xxxx X, Xxxx X, Xxxx X, (3 名省略). How to Write a Winning Grant Proposal. *Kakenhi Com.* 12, 456-458 (2019). 査読あり

(2) 学術雑誌等又は商業誌における解説、総説

なし

(3) 国際会議における発表

5. ○**Kakenhi C.**, Xxxx X., Yyyy Y. How to Write a Winning Grant Proposal. *Kakenhi Congress.* New Orleans, Louisiana, USA. October 2018.
6. ○科研費コム　申請書作成におけるそこそこテンプレートの重要性　○○○学会、東京、2017 年 4 月

(4) 学術雑誌等又は商業誌における解説、総説

なし

(5) 特許等

なし

(6) その他（受賞歴）

7. Young Investigator Award, *Kakenhi Congress.* New Orleans, Louisiana, USA. October 2018.
8. ベストポスター賞・第 34 回日本○○○学会、鹿児島、2016 年 3 月

研究遂行能力を示すものは論文や受賞歴とは限りません。書けるものは何でも書きましょう。以下に示すようなものも良いかもしれません。ただし優先順位は (1) ～ (6) のほうが上です。

・プレスリリース

・メディアでの紹介、メディアへの出演

・招待講演

・アウトリーチ活動

・シンポジウム、ワークショップなどの企画

2枚目については、要はかつての業績リストです。以前に比べて重要と思われる業績をより自由に書けるようになっています。しかし、やはり基本は論文、総説・解説や国際学会、特許、受賞歴などであり、以前のフォーマットに沿って書いておけば問題ありません。

　論文・総説については、本研究計画に少しでも関わるものは、なるべく全部記載します。特に、Corresponding author や co-first author のように審査員がわかりにくいと思えるものについては、しっかり説明してアピールしてください。かつては過去5年以内に出版されたものという制限がありましたが、それもなくなりました。重要と思われるものについては多少古くてもかまわないので、しっかりアピールしてください。古いものばっかりで新しいものがないというのはダメですよ。

　他にはプレスリリース、メディアカバレッジ、招待講演、アウトリーチ、シンポジウムなどの企画、国内学会での発表なども広義の研究遂行能力と捉え、記載しても良いかもしれません。ただし、論文や著書が最も重要であるのは変わりありません。

人権の保護及び法令等の遵守への対応

　加点の対象ではありませんが、記載すべき項目を十分に記載していなければ減点の対象にはなるでしょう。すごく力を入れて書くほどのものではありませんが、基本的なことは押さえておくようにしてください。該当しなければ「該当しない」で問題ありません。

　全部を押さえようとすると大変なので、科研費が採択された同僚にいくつか申請書を見せてもらい、真似するのが早いかもしれません。法令等は遵守してくださいね。

人を対象とした医学系研究

- 人を対象とする医学系研究に関する倫理指針
- ヒトに関するクローン技術等の規制に関する法律
- 特定胚の取扱いに関する指針
- ヒト ES 細胞の樹立に関する指針
- ヒト ES 細胞の分配及び使用に関する指針
- ヒト iPS 細胞又はヒト組織幹細胞からの生殖細胞の作成を行う研究に関する指針
- ヒトゲノム・遺伝子解析研究に関する倫理指針
- ヒト受精胚の作成を行う生殖補助医療研究に関する倫理指針
- 遺伝子治療等臨床研究に関する指針
- 感染症の予防及び感染症の患者に対する医療に関する法律
- 医薬品の臨床試験の実施の基準に関する省令
- 手術等で摘出されたヒト組織を用いた研究開発の在り方について
- 臨床研究法施行規則
- 再生医療等の安全性の確保等に関する法律
- 臨床研究法
- 医療機器の臨床試験の実施の基準に関する省令
- 再生医療等製品の臨床試験の実施の基準に関する省令
- 医薬品の安全性に関する非臨床試験の実施の基準に関する省令
- 医療機器の安全性に関する非臨床試験の実施の基準に関する省令
- 再生医療等製品の安全性に関する非臨床試験の実施の基準に関する省令
- 所属機関や所属学会の各種指針（ガイドライン）・規程

動物実験

- 研究機関等における動物実験等の実施に関する基本指針
- 厚生労働省の所管する実施機関における動物実験等の実施に関する基本指針
- 農林水産省の所管する研究機関等における動物実験等の実施に関する基本指針
- 所属機関や所属学会の各種指針（ガイドライン）・規程

遺伝子組換え実験

- 遺伝子組換え生物等の使用等の規制による生物多様性の確保に関する法律（いわゆるカルタヘナ法）
- 研究開発等に係る遺伝子組換え生物等の第二種使用等に当たって執るべき拡散防止措置等を定める省令
- 遺伝資源の取得の機会及びその利用から生ずる利益の公正かつ衡平な配分に関する指針
- 所属機関や所属学会の各種指針（ガイドライン）・規程

アンケート・インタビュー

- 所属機関の個人情報管理規程や所属学会の各種指針（ガイドライン）
- （個人情報保護法に関しては「学術研究の用に供する目的」なので、適用外）

- 申請研究は「XXX に関する法律」並びに「YYY を定める省令」および、「ZZZ」および AAA 大学の「BBB 規程」を遵守しておこなわれる。使用する CCC はこれらの法律、規定などに定められた適切な設備において取り扱われる。
- XXX を使用する実験は、「YYY に関する法律」および「ZZZ 大学の AAA 規程」に基づいて実施する。今回の研究内容は既に承認されているため、研究は円滑に実施できる（承認番号 BBB）。
- XXX に関するインタビューを実施するが、氏名などの個人情報を削り匿名化した後に分析を行う。対象者には研究目的やデータの利用方法などについて研究者から十分に説明し、同意を得た上で研究を行う。本データについては、個人が特定できない方法で管理、利用する。個人情報を含む書類は、必要な年限保存した後、専門業者へ依頼し適切に処分を行う。
- XXX を用いた研究については、YYY 大学の倫理委員会で承認されたものであり（承認番号○○）、承認された内容に沿って適切に研究を実施する。
- 本研究は国際的なガイドラインである「○○○ガイドライン」に従い、受入研究施設および国の倫理指針を遵守して個人情報の保護に努める。事前に施設の倫理委員会の承認を得た上で、研究対象者からは文書による同意を得た上で研究を行う。申請者は海外での受入研究施設にて研究を開始しており、本研究計画はすでに受入研究施設の倫理委員会において承認が得られている（承認番号○○○）。
- ○○○に関するアンケート調査を実施するが、氏名などの個人情報を削除し、匿名化した後に分析を行う。アンケート協力者には、調査実施前に研究目的やアンケート結果の利用方法について、研究者から十分に説明し、書面で同意を得た上で行う。個人情報を含む書類は必要な年限保存した後、専門業者に依頼し、適切に処分する。なお、上記の調査の際には、○○○大学の「○○○ガイドライン」に準じて対応する。

5.5 粒度の粗いそこそこテンプレート

より全体の構成を理解しやすくするため、粒度を粗くしたそこそこテンプレートも作成しました。

学振編

これまでの研究の背景・問題点
- 何がわかっていたのか、どういう潮流で研究が行われてきたのか
- 申請者はこれにどう関わってきたのか
- 何が未解決問題なのか（自分が解かない問題も含む）
- なぜそれが問題なのか、どういう点で問題なのか

解決方策・研究目的
- 申請者はどうすればその問題を解決できると考えたのか
- そう考えても良い根拠は何か
- 具体的に何を目的として研究してきたのか

研究方法・研究経過および得られた結果
- 具体的に何をしたのか、どうやってしたのか、どういう結果になったのか
- これらの結果から何が結論づけられたのか、何を明らかにしたのか
- 成果発表など

特色と独創的な点
- これまでの研究と対比してどこが新しいのか
- 具体的にどういう点で優れた結果だと言えるのか
- 申請者ならではの工夫やアイデア、着眼点、技術は何か

これからの研究計画の背景・これからの研究計画の問題点・解決すべき点
- これまでの研究で解決した点
- これまでの研究で未解決である点
- その未解決問題の解決がなぜ重要なのか
- その未解決問題の解決がなぜ難しいのか

着想に至った経緯
- どうすれば先の未解決問題を解決できると考えたのか
- そう考えても良い根拠・傍証は何か

研究目的
- 何を明らかにするのか
- 具体的には何を行うのか3つ程度

研究方法・研究内容
- 何を明らかにするのか、どういう方針で進めるのか、どうなればうまくいったと考えるのか（何を示すのか）
- 予備データがあれば示す

申請者が担当する部分
- 共同研究などの場合にはきちんと書く

本研究の特色・着眼点・独創的な点（着想に至った経緯と被らないように）
- この研究はどういう点が新しいのか、どこを工夫したのか、どういう点で価値があるのか、どこが他の追随を許さない部分か
- 既存の研究に比べて、切り口やアイデア、アプローチの工夫はどこにあるのか

当該研究の位置づけ・意義
- この研究はこれまでの研究に対してどういった点で新たな知見を加えるものか
- そのことは研究全体の潮流の中でどのような意味を持つのか

本研究が完成したとき予想されるインパクトおよび将来の見通し
- この研究は分社会にどのような影響を与えると期待されるのか（応用視点）
- この研究は分野を超えて研究分野にどのような影響を与えると期待されるのか（直近に起こりそうなこと）

年次計画（研究方法より具体的な内容）
- 具体的に何をするのか（ただし、あまりに細かい実験条件などは不要）
- 予想通りにいかない場合はどうするつもりなのか

受入研究室の選定理由、外国で研究する意義
- 研究室との関係（分野が近い、共同研究していた、学会で話して理解がある、etc.）
- 海外の意義　研究者ネットワーク、最先端がたまたま海外、地理・環境的優位性
- 国内外共通　研究を無理なく発展させられる、できないことができる

人権の保護及び法令等の遵守への対応
- 学内規程、国の法令、学会のガイドライン

研究業績
- 書かれている通りに書く（よく読むこと）

若手研究編

概要〈問題解決型〉
- 何がわかっていて、何がわかっていないか
- わかっていないことのどういう点が問題か
- どういう方法でどうやってその問題を解決するのか
- 具体的に何をするのか
- 本研究により何が明らかになるのか

概要〈価値創造型〉
- これまで（現状）はどうだったのか
- それに対してどうすれば新たな価値を付け加えられると考えたのか
- どういう方法でどうやってそれを達成するのか
- 具体的に何をするのか
- 本研究によりどうなる（と予想される）のか

本研究の学術的背景と研究課題の核心をなす学術的「問い」
- 何がわかっていたのか、どういう潮流で研究が行われてきたのか
- 申請者はこれにどう関わってきたのか
- 何が未解決問題なのか（自分が解かない問題も含む）
- なぜそれが問題なのか、どういう点で問題なのか
- 申請者はどうすればその問題を解決できると考えたのか
- そう考えても良い根拠は何か
- この研究で解決を目指す問題点は具体的に何か（学術的「問い」）
- より具体的に何をするのかを3つ程度（中程度の視点）

本研究の目的および学術的独自性と創造性
- 「問い」の解決のために何をするのか、研究で何をするのか（目的、大きな視点）
- この研究はどういう点が新しいのか、どこを工夫したのか、どういう点で価値があるのか、なぜ今まではこれができなかったのか（想定される理由）
- この研究は社会にどのような影響を与えると期待されるのか（応用視点）

本研究で何をどのように、どこまで明らかにしようとするのか
- 3つの研究計画をさらに分解して、具体的に何をするのか（ただし、あまりに細かいところは不要）、どうするのか、どうなればうまくいったと考えるのか（何を示すのか）
- 予想通りにいかない場合はどうするつもりなのか
- 予備データがあれば匂わす

研究の着想に至った経緯と準備状況（背景と被らないように）
- 申請者はこれまでどのような研究をしてきて、それが今回の申請とどう関係あるのか
- 何が未解決だったのか、なぜ未解決だったのか、なぜそれが重要なのか
- （予備データがあれば示し、）どういった根拠で今回の研究をすればそれが解決できると考えたのか
- どこまで進んでいるのか（予備検討、環境整備、共同研究、資料・材料収集）

関連する国内外の動向と、本研究の位置づけ（背景、独自性・創造性と被らないように）
- 同分野の国内外の研究はこれまでどのような潮流だったのか
- それによって何がわかったのか
- それでもわからなかったこと、あるいは、見落とされてきたことは何か
- 今回の研究はそれらを解決するものであることを示す
- この研究は対象としている研究の流れの中でどういう意味を持つようになると考えらえるのか
- 分野を超えてどのような影響を与えると期待されるのか（直近に起こりそうなこと）

これまでの研究活動
- どこで、どんなポジションで、何をして、どういう成果を出してきたか
- 今回の研究計画の立案にどう関わっているのか

研究環境
- 施設、設備、人材、資料、材料、ネットワーキング、場所
- 機器類については全てあると書いてしまうと追加購入の理由がなくなる

研究業績
- 原著論文、総説・解説、著書、特許、招待講演、国際学会に通した経歴、プレスリリース、メディアカバレッジ、シンポジウムやワークショップなどの企画、アウトリーチ、受賞

人権の保護及び法令等の遵守への対応
- 学内規程、国の法令、学会のガイドライン

5.6 科研費.com のチェックリスト

このチェックリストは私がザッと添削するときに用いているものです。内容は当然として、最低限の論理性と見栄えを確認するときに使ってください。

フォント	☐ フォントサイズ：11 pt ☐ 本文：明朝体　大見出し：太めゴシック体　小見出し：ゴシック体 ☐ 無駄に多種多様なフォントを使っていないか
余　白	☐ 行間：全てのページで一定の行間を保っているか ☐ 大見出し前：0.5 〜 1 行空け ☐ 小見出し前：0.3 〜 0.5 行空け ☐ 意味の大きな隔たりのある段落間：0.3 行 ☐ 文章の上下：0.3 行空け ☐ (左右：左右インデント 0.3 字)
図　表	☐ きれいに作ってあるか ☐ 図の文字は小さすぎないか ☐ 情報過多ではないか ☐ 本文で引用しているか ☐ 図のサイズは揃っているか
強　調	☐ 過度な装飾を施していないか ☐ 1 ページあたりの強調箇所は 2 〜 3 個までか ☐ 本当に重要な箇所だけを強調しているか
背景と問題点	☐ より一般的なところから説明が始まっているか ☐ 研究上、重要な問題を扱っているか ☐ 一定水準以上で解決できる見込みがある問題を扱っているか
解決のための アイデア	☐ アイデアがどういう点で新しいかを説明しているか ☐ なぜこれまではそれができなかったのかを説明しているか ☐ アイデアがうまくいくと考える根拠が示されているのか
研究計画	☐ 難しいが大きなことを言えるかもしれない計画と、ほぼ確実に達成できる計画をうまく組み合わせているか ☐ 計画の数は少なすぎないか、多すぎないか (3 つ程度が理想) ☐ 過度に細かいところを書きすぎていないか
位置づけ・ 意義インパクト	☐ これにより当該研究分野において何が明らかになるのかが明示されているか ☐ そのことが持つ社会的意義や周辺研究分野に対するインパクトが示されているか

第 6 章　おわりに

　本書を通じての私の一貫した主張は、たった 2 つだけです。

申請書の作成は単なる技術であり、今からでも学び身につけることが可能
　多くの人にとって、いかに論理的かつわかりやすく書くかということに関する訓練は足りていません。本書はそれらについてなるべく平易な形で紹介したつもりです。しかし、実際に手を動かさないと学習したことは身につきません。幸い本書の読者は科研費などの明確な目標があるでしょうから、その点については大丈夫だと思います。しかし、学習の効果を向上させ、持続するには経験する回数を増やすことも重要です。科研費以外の政府系の助成金や民間の財団や賞など書くチャンスはいっぱいあるはずです。とにかく書きまくっていれば、そのうち上手になるでしょう。ただし、なるべく考えて、見直して、フィードバックをもらって、です。

申請書を読み・判断するのは不合理な人間であり、それをも利用する姿勢が重要
　多くの人は研究内容が良ければ理解されると考えていますが、それは間違っています。人間というものは無意識のうちにさまざまなところから影響を受けています。たとえば、「アンカリング（アンカー効果）」と呼ばれる認知バイアスが知られています。

> 「国連加盟国のうちアフリカの国の割合はいくらか」という質問をしたときに、質問の前に「65％よりも大きいか小さいか」と尋ねた場合（中央値 45％）、「10％よりも大きいか小さいか」と尋ねた場合（中央値 25％）よりも、大きい数値の回答が得られた。

　申請書も同じです、読みやすい申請書は評価されやすく、読みにくい申請書は評価されにくくなってしまいます。私たちはもっと人間というものを理解し、それに基づいた戦略を取るべきではないでしょうか。これはずるいことでも何でもなく、自身の最高の状態を提示するという意味で当然のことをしたにすぎません。私に言わせれば、できる全てのことをしない態度こそ本気度を疑わせるものであり、不誠実です。
　申請書を書いている段階ではもう新しいデータを足すことはできませんので、手持ちのデータとアイデアで戦うしかありません。しかし、そうした状況でも書き方、見せ方、言い方しだいで、受け取られ方はかなり変わります。私たちの目の前にはまだ選択肢が数多くあります。もう逆立ちしてもこれ以上は無理だというくらいまで申請書を高めることができれば、採択可能性は大幅に上がっていることでしょう。

独り言

*1 民間財団は含まれておらず研究費も一部推定ですので、そうした点は注意が必要です。

*2 「e-Radを一般公開すれば絶対、新しいニーズやビジネスが生まれるのに」と思います。あと、意味のないエフォート管理をやめてほしいですね。

*3 料理人の腕によってはつまらない食材を「そこそこ」にはできます。一流シェフのカップラーメン・アレンジとか。しかし、彼らは自分のレストランで決してカップラーメンを使いません。なぜなら「そこそこ」以上にはできないから。

*4 基礎研究だから好きな研究だけをしていれば良いという考えはダメではないのですが危険をはらんでいます。自分が面白いと思う研究を他の人が面白いと思ってくれるとは限りません。経験がモノを言いますので、若手研究者はまず何が面白くて何が面白くないか「筋の良い考え方」を学ぶと良いでしょう。そのうえで、自分はどうしたいのかという話になります。

*5 基本は尋ねられたことに対して、直接的な回答をしていけば十分です。ある程度上級者になると、尋ねられたことに答えつつ、自分や自分の研究をアピールする「余計なこと」をちょいちょい挟むようになります。「私はあまり面白いと思わないけど、他の人が評価しているなら自分の判断が間違っているのかもしれない」という風に審査員の思考を導くテクニックの一種です。

*6 いわゆる大型のチーム研究の課題名は特殊で、よくわからないけど凄そうなものが多い印象です。これらを参考にしてはいけません。異なる研究を統合するため課題名が玉虫色になること、極限までわかりやすさ・目新しさ・インパクトを突き詰めることなどにより、わかったような・わからないような課題名になりがちだからです。百戦錬磨の偉い人はわかったうえで、いわゆる「ジンクピリチオン効果」の類の表現をうまく使っています。逆に、似たようなものが多く存在する中では、比較されない・比較させない、というのも良い戦略です。たとえば、「カイロ大学卒業」は凄そうに聞こえますが、世界大学ランキングは800〜1,000位とそれほど高くありません。自分の知らないことは何だ

か凄そうに見えることを狙う戦略です。とはいえ、基本はあくまでも「わかりやすく」です。

*7 しばしば、これまで誰も思いつかなかった斬新な発明が世に登場しますが、多くは誰も思いつかなかったではなく、思いついたけど面白くないからやらなかっただけの話です。誰もやっていない≠やる価値があること、できること≠やる価値があること、の2つは覚えておきましょう。

*8 最初は不完全で欠点や例外など足りない部分がありますが、本当に有望であればそうした問題はいずれ他の研究者によって克服されるはずです。そうしたものが最後まで残ったとき、その分野を作ったと言われ評価されるのは最初にコンセプトを提示した人であって、細かい部分を修正していったその他多くの人たちではありません。私の師匠も「本当に評価されるのは、どの方向にどれくらいの距離で飛び石を置くかを決めた人、すなわち研究の方向性を決めた人であり、既存の飛び石と飛び石の間を埋めるような仕事は他の人に任せておけば良い」とよく言っていました。いわゆるQuick and dirty（汚くても良いから早くしろ）と言われるタイプの研究です。コンサルタントもだいたいの数字からとりあえずの決定を下し、スピード感を持って問題解決に取り掛かることをしますが、それと似たイメージです。

*9 「関係」は関わりのことであり、「関係性」とはその関わりの傾向であるという説明も可能で、正確に言えば変わるのかもしれませんが、やはりある種のぼかし言葉としての側面が強く、主張を弱める影響のほうが大きいと考えます。

*10

*11 機械や物の写真などは「創造性が低い」とみなせるため、写真をトレースする程度であれば著作権侵害にはあたらないという判例があるようです。このあたりは自己判断でお願いします。

著者紹介

科研費.com

博士（理学）。専門は生物科学。
2016年より同名サイト、科研費.comを運営。
政治学から臨床研究まで幅広い分野の申請書の添削経験を持つ。
口癖は「わかった（わかってない）」。
趣味はクラフトビールと編みぐるみ。

NDC 407　140p　26 cm

できる研究者の科研費・学振申請書
採択される技術とコツ

2019年 7月 8日　第1刷発行
2022年10月14日　第7刷発行

著　者	科研費.com
発行者	髙橋明男
発行所	株式会社　講談社　KODANSHA
	〒112-8001　東京都文京区音羽2-12-21
	販　売　(03)5395-4415
	業　務　(03)5395-3615
編　集	株式会社　講談社サイエンティフィク
	代表　堀越俊一
	〒162-0825　東京都新宿区神楽坂2-14　ノービィビル
	編　集　(03)3235-3701
本文データ制作 カバー印刷	株式会社双文社印刷
表紙・本文印刷 製本	株式会社ＫＰＳプロダクツ

落丁本・乱丁本は、購入書店名を明記のうえ、講談社業務宛にお送りください．送料小社負担にてお取り替えします．なお、この本の内容についてのお問い合わせは講談社サイエンティフィク宛にお願いいたします．
定価はカバーに表示してあります．

© Kakenhi.com, 2019

本書のコピー、スキャン、デジタル化等の無断複製は著作権法上での例外を除き禁じられています．本書を代行業者等の第三者に依頼してスキャンやデジタル化することはたとえ個人や家庭内の利用でも著作権法違反です．

[JCOPY]〈(社)出版者著作権管理機構委託出版物〉
複写される場合は、その都度事前に(社)出版者著作権管理機構（電話 03-5244-5088, FAX 03-5244-5089, e-mail: info@jcopy.or.jp）の許諾を得てください．

Printed in Japan

ISBN978-4-06-516598-0

講談社の自然科学書

学振申請書の書き方とコツ
DC/PD獲得を目指す若者へ　改訂 第2版

大上 雅史・著
A5・208頁・定価2,750円

令和4年度（2022年度）採用分新書式に全面対応。申請書サンプルに文系事例等も追加。採用者のサンプルと知恵を参考に、もう一歩申請書をブラッシュアップしよう！

Judy先生の英語科学論文の書き方
増補改訂版

野口 ジュディー／松浦 克美／春田 伸・著
A5・206頁・定価3,300円

パソコンやインターネットを使用した論文の執筆、投稿、編者とのやりとりまでを完全にサポートします。論文の基礎知識はもちろん、役に立つ表現、質を高めるコツ、さらには論文英語力を高めるノウハウもふんだんに紹介！　論文執筆にすぐに役立つ英文例も満載です。

PowerPointによる
理系学生・研究者のためのビジュアルデザイン入門

田中 佐代子・著
B5・127頁・定価2,420円

プレゼン用の資料を短時間でセンスよくまとめるポイントを紹介します。「シンプルの強さ」を理解すれば、いつものスライドやポスターをほんのすこし変えるだけで、カッコイイ資料に変わります！

できる研究者の論文生産術
どうすれば「たくさん」書けるのか

ポール・J・シルヴィア・著　高橋 さきの・訳
四六・190頁・定価1,980円

全米で話題の『How to Write a Lot』待望の邦訳！　いかにして多くの本や論文を執筆するかを軽快に解説。雑用に追われている研究者はもちろん、アカデミックポストを目指す大学院生も必読！　人生が変わる。

できる研究者の論文作成メソッド
書き上げるための実践ポイント

ポール・J・シルヴィア・著　高橋 さきの・訳
四六・270頁・定価2,200円

「本当に使える文章読本」と大好評の『できる研究者の論文生産術』の続編が邦訳！　論文誌の選び方から投稿までの実践ポイントを解説した。爽快なシルヴィア節は健在で、初めて英語論文を書く大学院生に有益この上ない！

できる研究者になるための留学術
アメリカ大学院留学のススメ

是永 淳・著
四六・240頁・定価2,420円

もし博士号（PhD）をとりたいならば、もし研究が好きならば、留学に挑戦すべき理由は山ほどあり、留学をためらわなければいけない理由はじつはほとんどない。伝説のWebサイト「理系留学のススメ」待望の書籍化。

ネイティブが教える
日本人研究者のための論文の書き方・アクセプト術

エイドリアン・ウォールワーク・著　前平 謙二／笠川 梢・訳
A5・512頁・定価4,180円

世界中で使われているノンネイティブのバイブルが待望の邦訳。これほど網羅的で深い示唆を与えてくれる指南書はほかにない。ネイティブの思考・語感で、ワンランク上の論文に！　そのまま使える論文英語表現を580例も掲載！

できる研究者のプレゼン術

ジョナサン・シュワビッシュ・著　高橋 佑磨／片山 なつ・監訳
小川 浩一・訳
B5・192頁・定価2,970円

あなたのプレゼン（口頭発表）は、飽きっぽい聴衆の注意を引くことに成功しているだろうか？　研究を魅力的に伝えられているだろうか？　可視化・統一・集中——プレゼン（口頭発表）を改善する3つの指針と具体策を授ける。

表示価格は税込み価格（税10％）です。　　　　　「2022年5月現在」

講談社サイエンティフィク　　https://www.kspub.co.jp/